1時間でわかる SNSマーケティング

リンクアップ 著

技術評論社

●本書について

はじめに――「つながり」を利用して情報を拡散させる

現在、「３大ＳＮＳ」と呼ばれるＦａｃｅｂｏｏｋ、Ｉｎｓｔａｇｒａｍ、Ｔｗｉｔｔｅｒをはじめ、多くの「ソーシャル・ネットワーキング・サービス（以下、ＳＮＳ）」が登場し、世界中で大勢のユーザーに利用されています。

ＳＮＳユーザーは、これらのＳＮＳを使うことで親しい友人や知人とつながり、そのつながりの中から情報をキャッチしています。それを活用して、集客やブランディングのために、ＳＮＳをマーケティング活動に利用している企業や店舗が増えています。

しかし、やみくもにＳＮＳマーケティングをはじめても、そうかんたんには効果が出ません。それぞれのＳＮＳごとに、しくみやユーザーの属性があり、それに合わせた施策が必要だからです。そこで本書では、ＳＮＳマーケティングの基礎知識やポイントをまとめました。

本書の特徴―わかりやすく、実用的な入門書

本書は、SNSマーケティングに興味を持つ人のための入門書です。SNSマーケティングの概要だけではなく、事例を混じえつつ、それぞれのSNSの特徴や、管理・運用の基本的な考え方をまとめました。**細かなテクニックよりも、「押さえるべき基礎的な内容」や「結果を出すためのコツ」にポイントを置いているので、より実践しやすくなっています。**

また、SNSマーケティングの初心者の方でも、理解しやすい内容です。**「1時間でわかる！」をコンセプトに、内容と分量を工夫しながら制作した実用書**ですから、業務が多忙の中、新たにSNSマーケティングを任された広報担当者の方でも、短時間で理解できます。

さらに、各セクションには、図やイラスト、実際の画面を掲載しました。内容を視覚で捉え、イメージすることができるため、テキストで書かれた内容をより理解しやすくなります。

目次

1章 SNSマーケティングの基礎

2章 Facebookマーケティング

4章 Ｔｗｉｔｔｅｒマーケティング

5章 そのほかのＳＮＳマーケティング

［免責］

本書に記載された内容は、情報の提供のみを目的としています。したがって、本書を用いた運用は、必ずお客様自身の責任と判断によって行ってください。

これらの情報の運用の結果について、技術評論社および著者はいかなる責任も負いません。

本書記載の情報は、2019 年 8 月末日現在のものを掲載していますので、ご利用時には、変更されている場合もあります。

以上の注意事項をご承諾いただいた上で、本書をご利用願います。これらの注意事項に関わる理由に基づく、返金、返本を含む、あらゆる対処を、技術評論社および著者は行いません。あらかじめ、ご承知おきください。

［商標・登録商標について］

本書に記載した会社名、プログラム名、システム名などは、米国およびその他の国における登録商標または商標です。本文中では ™、® マークは明記しておりません。

1章

SNSマーケティングの基礎

SECTION 01

ＳＮＳマーケティングってどんなことをするの？

基本

ＳＮＳを活用して、ユーザーの関心を引き出すマーケティング手法

商品・サービスの集客や、自社のブランディングを行いたいとき、「ＳＮＳマーケティング」に注目する企業が増えている。ＳＮＳマーケティングとは、ＦａｃｅｂｏｏｋやＩｎｓｔａｇｒａｍ、Ｔｗｉｔｔｅｒなどのソーシャルネットワーキングサービス（以下、ＳＮＳ）を利用して行われるマーケティング活動のことだ。その目的は、商品・サービスや企業の「認知度」や「好感度」を上げることにある。今や企業にとって、「**最先端の広告宣伝手段のひとつ**」といっても過言ではないだろう。

スマートフォンが普及するのと同時に、ＳＮＳを利用するユーザーが増加した。ユーザーはＳＮＳを使うことで、商品・サービスの情報収集をしたり、商品購入時の参考にしたりしている。その中で、ユーザーが「共感できる」と感じるような内容を、企業がＳＮＳに投稿すれば、関心を持ったユーザーを自社サイトやＥＣサイトなどに呼び込みやすくなるのだ。

SNSマーケティングに使われる3大SNS

Facebook

Facebook, Inc.が運営する世界最大のSNS

Instagram

Facebook, Inc.が提供する写真共有SNS

Twitter

Twitter, Inc.が運営する短文投稿SNS

SNSマーケティングでユーザーの関心を掴む

この投稿が気になるから
ECサイトを覗いてみよう！

SNSマーケティングを使えば、SNSで情報収集しているユーザーを自社サイトやECサイトに呼び込みやすい

不特定多数のユーザーに宣伝できる場所を無料で利用できる!

ＳＮＳマーケティングには、どのようなメリットがあるのだろうか?

最大のメリットは、**広告費を抑えられる**ことにある。ＳＮＳマーケティングで使用するマーケティングツールは、無料のＳＮＳである。ＳＮＳでは、数万円かかるような広告費をかけずに、数千万人単位で存在するＳＮＳのユーザーに向けて情報発信ができる。

しかも、各ＳＮＳには特徴があるので、**ターゲティングしやすい**。たとえば、「Ｆａｃｅｂｏｏｋユーザーは30〜50歳代がメイン」「Ｉｎｓｔａｇｒａｍユーザーは10〜20代の女性がメイン」などといった特徴があるので、商品のターゲットにしている年齢に合わせて、ＳＮＳを選べばよいのだ。

また、**顧客とつながりやすい**こともメリットだ。顧客の意見を吸い上げやすいので、それをもとにしたサービス改善や新商品開発ができる。さらに、多くのユーザーの反応を集め、「トレンド」に乗ることができれば、一気に知名度を上げることができるメリットもある。「おもしろい」「共感できる」とユーザーが感じるような投稿は、それを見たユーザーがほかのユーザーに共有してくれる。その結果、新たな顧客を獲得できる可能性がある。

SNSマーケティングを利用するメリット

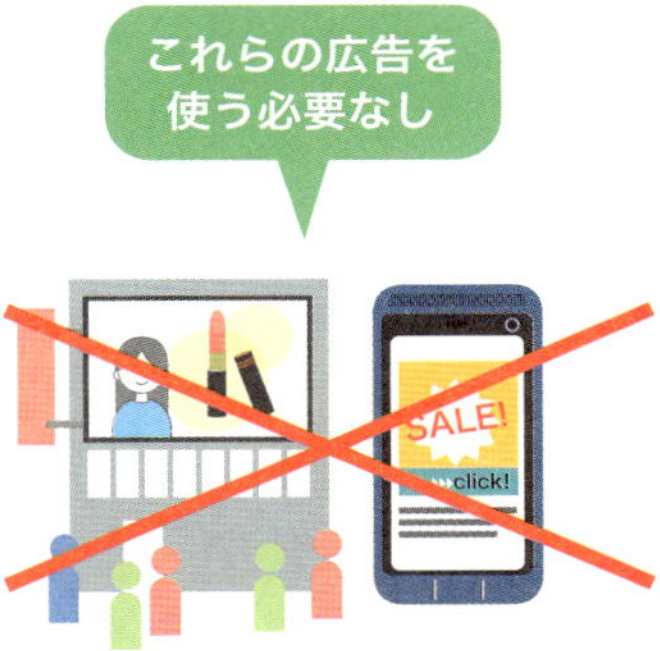

広告費無料で情報発信できる

ターゲティングしやすい

ユーザーとつながりやすい

トレンドに乗れたり、
共感してもらえたりすれば、
情報を拡散させやすい

SNSマーケティングのキーワードは「共感」

ＳＮＳマーケティングの肝となるのは、ＳＮＳユーザーの「共感」を集めることだ。ＳＮＳを使えば、企業はＳＮＳユーザーと直接つながることができる。つまり、企業とＳＮＳユーザーは直接、情報交換をし合う関係になるのだ。その中で、ＳＮＳユーザーに共感されるようなコンテンツを発信できれば、ＳＮＳユーザーはその企業や、その企業の商品・サービスをますます好きになるだろう。ＳＮＳユーザーが自社のファンになってくれれば、ＳＮＳユーザーの購買意欲が高まり、商品をリピート購入する可能性が高くなる。

また、**共感されるコンテンツは、SNS上で拡散されやすい**。たとえば、ＳＮＳでは、商品の宣伝などだけではなく、日常的なことやちょっとしたエピソードなども投稿できる。そういった投稿がユーザーの目に留まり、拡散されることで、より多くの人に自社を知ってもらうことができ、それが商品の販促にもつながるだろう。このように親近感のある内容を投稿して、共感してもらうことを目指せば、大勢のユーザーに情報を届けやすくなるのだ。

SNSマーケティングは「共感される」ことが肝

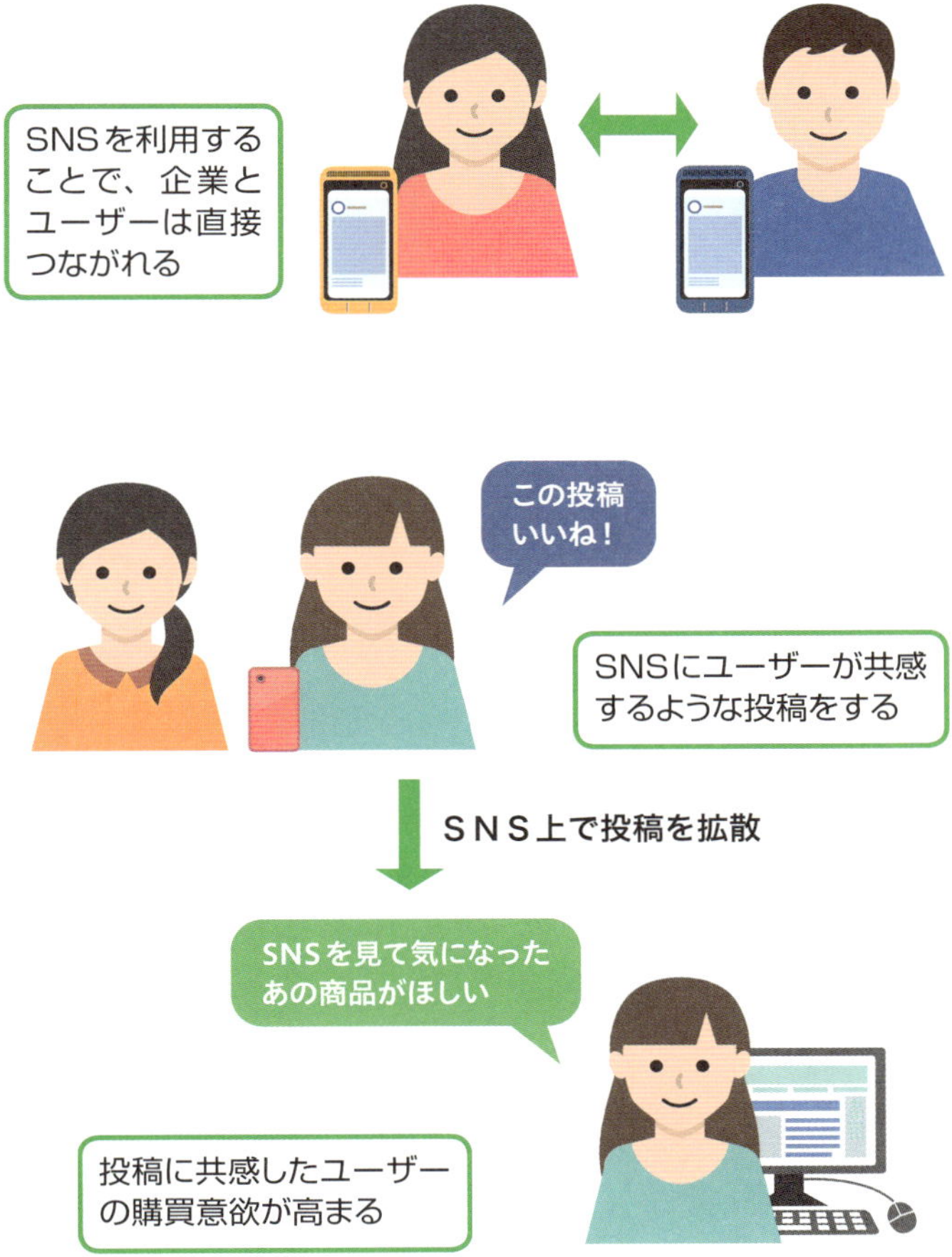
SNSを利用することで、企業とユーザーは直接つながれる
この投稿いいね！
SNSにユーザーが共感するような投稿をする
SNS上で投稿を拡散
SNSを見て気になったあの商品がほしい
投稿に共感したユーザーの購買意欲が高まる

SECTION 02

3大SNS　Facebook・Instagram・Twitterの特徴

基本

SNSごとに、どのような特徴があるのか

ＳＮＳマーケティングの中でも「3大ＳＮＳ」と呼ばれるのが、Facebook、Twitter、Instagramだ。これらは機能面にも違いがあれば、ユーザー層も違う。その違いをまとめたのが、次ページの表である。

まずは、ユーザーの年齢層から確認しよう。メインユーザーはＦａｃｅｂｏｏｋが30～50代、Ｉｎｓｔａｇｒａｍは10～20代、Ｔｗｉｔｔｅｒは10～50代が中心だ。また、タイムライン（投稿が時系列で並んだ表示画面のこと）に表示される投稿のしくみを確認してみると、それぞれのサービスごとに違いがある。ＦａｃｅｂｏｏｋとＩｎｓｔａｇｒａｍはアルゴリズム（機械が計算した方法）で表示されるが、Ｔｗｉｔｔｅｒは基本的に時系列で表示される。また、Ｆａｃｅｂｏｏｋではハッシュタグが浸透していないが、ＴｗｉｔｔｅｒやＩｎｓｔａｇｒａｍでは浸透している。これらを踏まえてうまく使い分け、ターゲットユーザーに向けて、効率的に情報発信しよう。

各SNSの特徴

SNSの種類	Facebook	Instagram	Twitter
年齢層	30～50代がメイン	10～20代女性が中心	10～50代の幅広い利用者
タイムライン表示	アルゴリズム	アルゴリズム	基本的に時系列
ハッシュタグ	○ あまり根付いていない	○ 1投稿に複数付けることが多い	○ 1投稿に1～2個付けることが多い
シェア機能	○ シェアボタン	△ リポスト あまり使われていない	○ リツイート
名前	実名	匿名	匿名
投稿上のリンク	○	×	○

同じお店や企業の公式アカウントでも、使用するSNSによって投稿のしかたや内容を変えていることが多い

「信頼感」が大事な商品の宣伝に使えるＦａｃｅｂｏｏｋ

３大ＳＮＳの代表といえば、Ｆａｃｅｂｏｏｋ，Ｉｎｃ．が提供している「Ｆａｃｅｂｏｏｋ（フェイスブック）」である。Ｆａｃｅｂｏｏｋを利用するユーザーは年齢層が高く、さらに実名で登録する必要があるため、**フォーマルな用途で使われることが多い**。そこで、Ｆａｃｅｂｏｏｋそのものが与えるフォーマルな印象や、実名登録による安心感を利用すれば、信頼感や安心感が求められる旅行や食品・飲料、ブライダル、教育、士業などの商品・サービスを効果的に宣伝できる。

また、Ｆａｃｅｂｏｏｋでは文字数制限のないテキストだけではなく、写真や動画の投稿が可能だ。ライブ動画を配信することもできるため、購入する側のイメージが湧きづらい「無形商品（カタチのないものやサービス）」でも、ユーザーに使用感をイメージさせやすいメリットがある。

Ｆａｃｅｂｏｏｋユーザーは、共感した投稿に「いいね！」したり、「シェア」機能を使って投稿を拡散させたりするため、これらの反応をうまく利用すれば高い宣伝効果が得られるはずだ。さらに、解析ツールを利用してユーザーの反応を確認することで、「宣伝効果の高い投稿の仕方」を掴めるようになるだろう。

Facebookの特徴を活かした投稿

- 信頼感や安心感が求められる宣伝
- 使用感をイメージさせたい無形商品の宣伝
- 情報拡散させたい内容
- 解析ツールを利用したい投稿

Facebookで情報を拡散させるには?

シェアされるような投稿をする

「いいね!」を押してもらえる工夫をする

Ｉｎｓｔａｇｒａｍではビジュアルに共感してもらうことが鍵

今もっとも勢いのあるＳＮＳといえば、Ｆａｃｅｂｏｏｋ，Ｉｎｃ．が提供している「Ｉｎｓｔａｇｒａｍ（インスタグラム）」だろう。Ｉｎｓｔａｇｒａｍは匿名登録が可能で、画像や動画での投稿がメインとなる。**メインユーザーである「若い女性」をターゲットにした商品を宣伝したいときに使える**ＳＮＳだ。また、海外からの流入が多いので、国内外問わず、リーチできる。

Ｉｎｓｔａｇｒａｍユーザーに共感してもらうには、「写真映え」（いわゆる、フォトジェニック）する投稿が必要で、見栄えがよいアパレルや小売店、飲料・食品、消費財メーカーなどの商品が適している。画像に共感したユーザーを、ＥＣサイトに誘導できる「ショッピング機能」を利用することも可能だ。一方、ビジュアルで興味を惹くことが難しい「金融系」などの無形商品の投稿に共感してもらうためには、投稿に工夫が必要だろう。

情報を拡散する方法としては、「ハッシュタグ」やユーザーによる「リポスト」機能などがある。

Instagramの特徴を活かした投稿

・若い女性をターゲットにした商品の宣伝
・国内外問わずリーチさせたい商品の宣伝
・フォトジェニックな画像
・ECサイトに誘導したい内容

フォトジェニックな商品を得意とするInstagram

アパレルや小売店

飲料・食品

消費財メーカーetc…

高い拡散力が強みのＴｗｉｔｔｅｒで、リアルタイムに投稿する

Ｔｗｉｔｔｅｒ，Ｉｎｃ．が提供する「Ｔｗｉｔｔｅｒ（ツイッター）」は、匿名登録が可能で、比較的自由に情報発信できるＳＮＳとして、幅広い年齢層のユーザーに利用されている。Ｔｗｉｔｔｅｒでは、１４０（英語の場合２８０）文字までのテキストに４枚までの写真や短い動画を添えて投稿することが可能だ。文字数が少ないので気軽に投稿でき、すぐに知らせたい宣伝に適している。また、「リツイート機能」によって**高い拡散力がある**ため、リアルタイムのトレンド（Ｔｗｉｔｔｅｒ上で今話題になっているキーワード）に乗ることができれば、多くのユーザーに投稿を見てもらえるだろう。

企業アカウントの場合、淡々とした投稿ではユーザーに共感されにくいため、社員などの「中の人」が個性的な投稿をするアカウントもある。ただ、これは難易度が高い。初心者であれば、日々のお知らせの投稿をメインにしたほうが安全だろう。

Ｔｗｉｔｔｅｒでは、よい情報だけではなく、悪い情報も拡散されやすいため、「炎上」（好意的ではないコメントが集中的に投稿されること）に対する対策が必要である。

Twitterの特徴を活かした投稿

- 少ない文字数ですぐに知らせたい宣伝
- トレンドに乗って、情報拡散させたい内容
- 企業の「中の人」としての情報発信

Twitterの気軽さは炎上のもとになることも

SECTION 03

基本

「商品」と「ターゲット」別 おすすめのＳＮＳ活用事例

役立つ情報や社員のブログをFacebookで投稿

実際に、企業は３大ＳＮＳをどのように利用して、マーケティングを行っているのか知ってＳＮＳマーケティングのイメージを掴もう。

まずは、Ｆａｃｅｂｏｏｋページの事例を紹介しよう。主にインターネットで生命保険を提供する「ライフネット生命保険」では、保険に関する情報はもちろん、保険に関連した健康や暮らしにまつわる情報を発信している。実生活において役立つ情報を発信することで、ユーザーの興味を惹いている。

また、社員によるブログを多く紹介しており、ユーザーからの信頼感を獲得していることも特長だ。加えて、公式のページの投稿とは別に、実名の個人アカウントでも情報を発信しているので、フォロワーが安心感や親近感を感じやすいという効果もある。

さらに、写真や動画などの視覚的コンテンツの投稿や、「イベント」機能の使用など、さまざまな工夫を凝らしながらＦａｃｅｂｏｏｋページを運営している。

Facebookの活用事例

ライフネット生命保険（@Lifenetinsurance）
保険や健康の情報や、社員の日常が見える記事を投稿している

活用事例のポイント

SNSの中でもフォーマルな印象が強いFacebookを活用

自社サービスに関連した役立つ情報を発信

実名の個人アカウントでも情報発信して信頼感や安心感を与える

ハッシュタグを使ってＩｎｓｔａｇｒａｍ内での拡散を目指す

次に、Ｉｎｓｔａｇｒａｍを利用した事例を紹介しよう。

インパクト抜群の見た目と、自分好みにカスタマイズできるオリジナル性の高さで若い世代から人気のアイスクリーム専門店「ＲＯＬＬ ＩＣＥ ＣＲＥＡＭ ＦＡＣＴＯＲＹ」。そのビジュアルからＳＮＳ映えすると話題を呼んでおり、若年層にもっともよく利用されているＩｎｓｔａｇｒａｍを活用してマーケティングを行っている。アイスを盛り付けしている写真、新メニューや限定メニューの写真のほか、季節に即した写真を投稿し、ユーザーが思わず行ってみたくなるような工夫をしている。

また、イベントと連動したキャンペーンを打ち出したり、フォロワーだけに特典情報を提供したりなど、Ｉｎｓｔａｇｒａｍを効果的に活用している。さらに、**店舗スタッフを登場させることで、ユーザーに親近感を与えている**のも注目ポイントだ。

Ｉｎｓｔａｇｒａｍの特徴といえば、「ハッシュタグ」を使った情報共有だ。本事例は店名のハッシュタグだけでなく、公式キャラクターの「＃シロくん」を入れることで店舗の認知度を上げている。また、「＃ロールアイス」や「＃くるくるアイス」のように、**検索されそうなワードをハッシュタグに使うことで拡散を目指している**のも特徴だ。

Instagramの活用事例

ROLL ICE CREAM FACTORY
(@rollicecreamfactory)
写真映えする商品をInstagramでアピール

活用事例のポイント

ターゲットの若年層がもっともよく利用するInstagramでマーケティング

季節のイベントにちなんだ写真を投稿して注目度も抜群

スタッフの顔を載せることでユーザーに親近感を与えている

高い拡散力のあるＴｗｉｔｔｅｒを利用してイベント情報を発信

最後に紹介するのは、Ｔｗｉｔｔｅｒを利用したＳＮＳマーケティングだ。

東京都調布市でイベントを開催したり、「手紙舎本店」などのカフェを経営したりする編集チーム「手紙社」は、イベントの様子や出展者をＴｗｉｔｔｅｒで紹介している。これは幅広い年代に利用され、少ない文字数で気軽に投稿できるＴｗｉｔｔｅｒのしくみが、**幅広い年齢にすぐに知らせたいイベント情報の投稿に適している**からだ。

また、そのイベント情報を写真や動画と一緒に投稿することで、それを見たユーザーの共感や関心を集めることができる。さらに、イベントまでの進捗状況だけではなく、イベント当日やイベント後も**リアルタイムに情報発信する**ことで、ユーザーに情報をもれなく伝えていることが特徴だ。

そして、より多くのユーザーにイベント情報を知らせるため、手紙社が関わるイベントの投稿は頻繁にリツイートしている。このようにして、Ｔｗｉｔｔｅｒの高い拡散力やシェアのしやすさを活用している。

Twitterの活用事例

手紙社（@tegamisha）
イベント、カフェなどを運営する編集チーム。イベント開催時にはイベントの様子や出展者について紹介している

活用事例のポイント

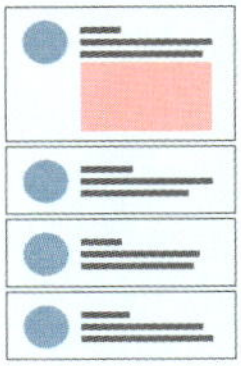

幅広い年齢層のユーザーがいるTwitterを利用

イベント情報をリアルタイムに投稿

手紙社が関わるイベントの投稿は頻繁にリツイート

SECTION 04

これだけは知っておきたい！SNS運用で気を付けること

基本

フォロワーを増やすとき、重要なのは「量」よりも「質」

うまく使えば、高い宣伝効果を見込めるSNSマーケティングだが、その運用には注意しなければいけないことがある。ここでは、どのような注意点があるのかを説明する。

SNSマーケティングにおいて重要なのは、投稿に積極的に「いいね」やシェアをしてくれるフォロワーを増やすことだ。また、SNSを利用するユーザーは、SNS内で「誰が共感している情報なのか？」を重視しがちだ。そのため信頼できる人や、自分と価値観の似ている人が「共感できる」と感じる投稿内容に、興味を示すことが多い。それにもかかわらず、フォロワー数を増やすことばかりに夢中になって、フォロワーが「捨てアカウント」（放棄したり通報されたりして、削除されることを念頭に置いたアカウント）ばかりになれば、宣伝効果が得られない。**ターゲット層を明確にしてフォロワーを増やそう**。たとえば、ターゲットが若年層ならば、10～20代のフォロワーを増やせば、そのフォロワーをフォローする同年代の友人・知人に情報が拡散されることになる。

フォロワーを増やすことに夢中にならない

フォロワーは量より質を重視すべし

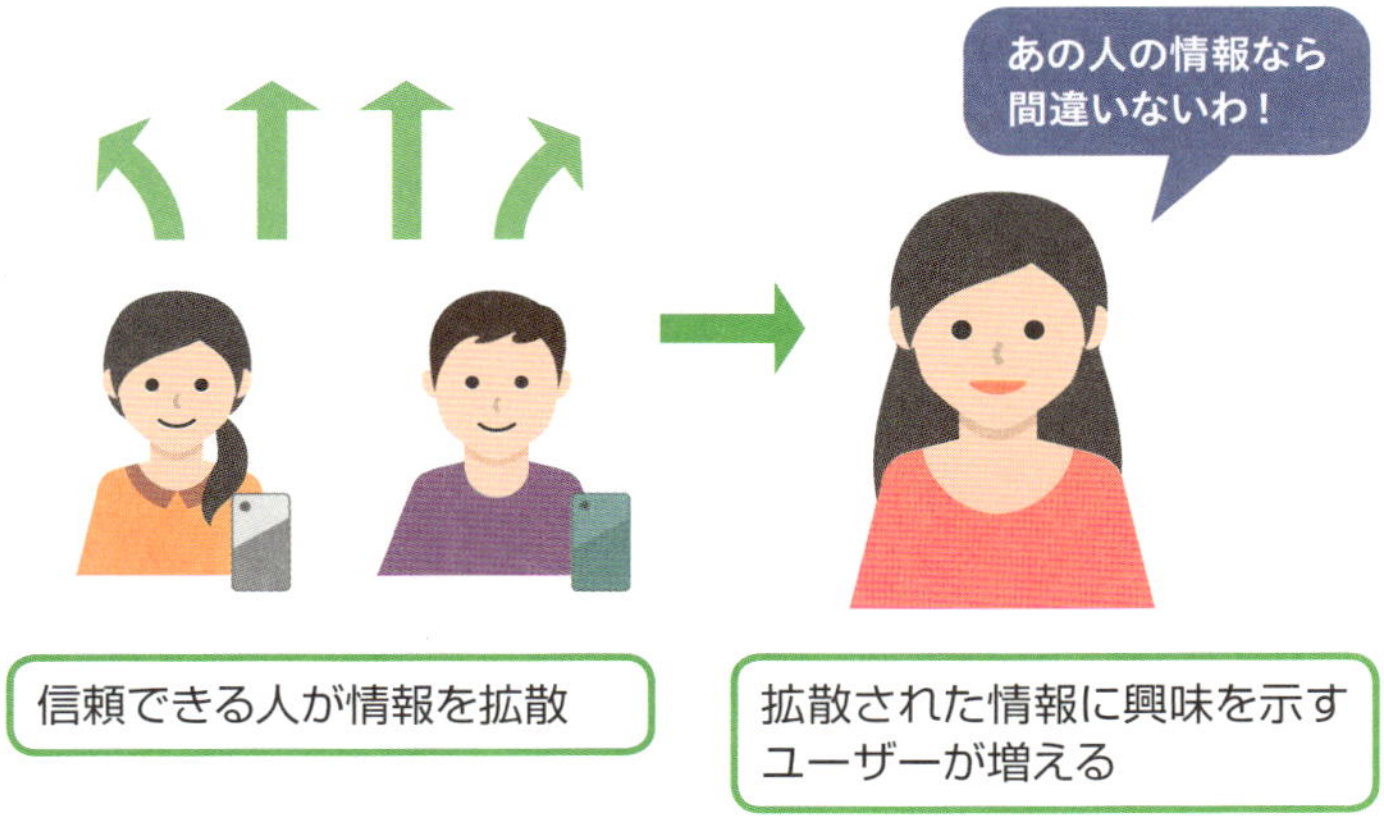

「炎上」に注意しなければ、企業イメージを大きく損なう

また、ＳＮＳマーケティングを運用するときには、「炎上」にも気を付けたい。なぜなら、ＳＮＳに投稿したネガティブな内容が炎上すると、それが多くのユーザーの目に留まり、企業イメージが一気に悪くなるからだ。実際に著名な企業でも、企業イメージを大きく下げてしまい、株価が下落したり、苦情が相次いで休業せざるをえなくなったりしたケースがある。それだけ、ＳＮＳの影響力は強いのだ。

炎上しないためには、いくつかの注意点がある。まず、「無断転載」「不謹慎な投稿」「差別的な内容」は避けて投稿しよう。「不確かな情報」の投稿についても控えるべきだ。炎上した投稿のなかには、ＳＮＳ運用担当者の誤操作によって、個人情報などの「外部に漏れてはいけない情報」が拡散されてしまったこともある。そのような投稿をしないためにも、企業はＳＮＳの運用ポリシーを決めて、従業員にＳＮＳ教育を徹底して行い、炎上を防ぐ必要があるのだ。

炎上には最大限に注意する

炎上すると…
- 企業イメージを大きく下がって株価が下落
- 苦情が相次いで休業に追い込まれる　etc……

炎上しないためにできること

「無断転載」「不謹慎な投稿」「差別的な内容」は避ける

不確かな情報は投稿しない

SNS教育を徹底して外部に漏れてはいけない情報を流失させない

COLUMN

担当者のキャラクターを細かく設定して、ブレのない投稿をする

企業で1つのSNSアカウントを運用するとき、複数人の社員で「1人の担当者」が投稿しているように見せかける場合がある。そのとき、ルールがないまま運用をはじめてしまうと口調や表現がバラバラになって、ユーザーが混乱してしまう。そこで「口調（ですます、だである、など）」や「表現方法」のルールをあらかじめ決めておこう。また、性別や年齢、出身地、趣味、好きな食べ物などの「担当者のキャラクター」を細かく設定して、それを演じ切ることが大切だ。

複数の担当者がいることを明らかにする場合は、投稿の担当者の名前を記載し、誰が書いた投稿なのかを明確にしたほうがよい。

●投稿を統一

2章

Facebookマーケティング

SECTION 05

個人との信頼関係が集客に結び付くFacebook

Facebook

自社のファンと濃くつながることで、大勢に情報を拡散させる

Ｆａｃｅｂｏｏｋでは、どのような集客の流れを期待できるのだろうか？

Ｆａｃｅｂｏｏｋで集客するためには、まずは「**ユーザーと一対一でつながる**」という意識を持ち、自社のファンを増やすことを目指そう。ファンになったユーザーは、Ｆａｃｅｂｏｏｋ上で共通の趣味や関心を持つ人たちとつながっている。一人のファンとつながることで、そのファンとつながる大勢の人にも情報を拡散させることができる。

ただし、ファンに投稿をシェアしてもらうだけでは、Ｆａｃｅｂｏｏｋ上で情報が拡散していかない。ユーザーに表示されるＦａｃｅｂｏｏｋのタイムラインは、アルゴリズムによって、「**ユーザーにとって重要な投稿**」を優先して表示しているからだ。「重要な投稿だ」と機械に認識されるには、投稿に対してファンからのコメントや「いいね！」などのアクションが必要である。つまり、そのアクションを集めた投稿が拡散されやすくなり、集客につながる可能性が高い。

Facebookでの集客の流れ

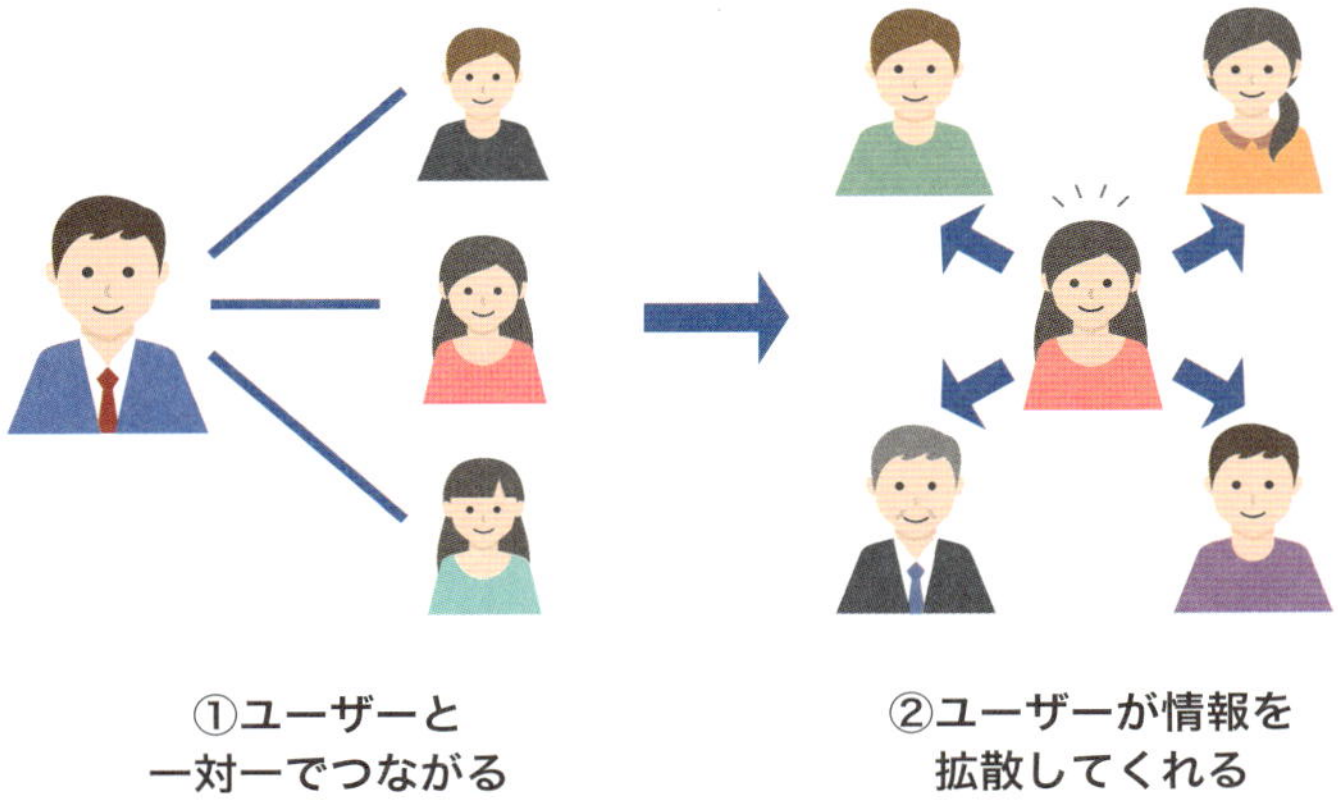
①ユーザーと
一対一でつながる
②ユーザーが情報を
拡散してくれる

より拡散されやすい投稿にするには？

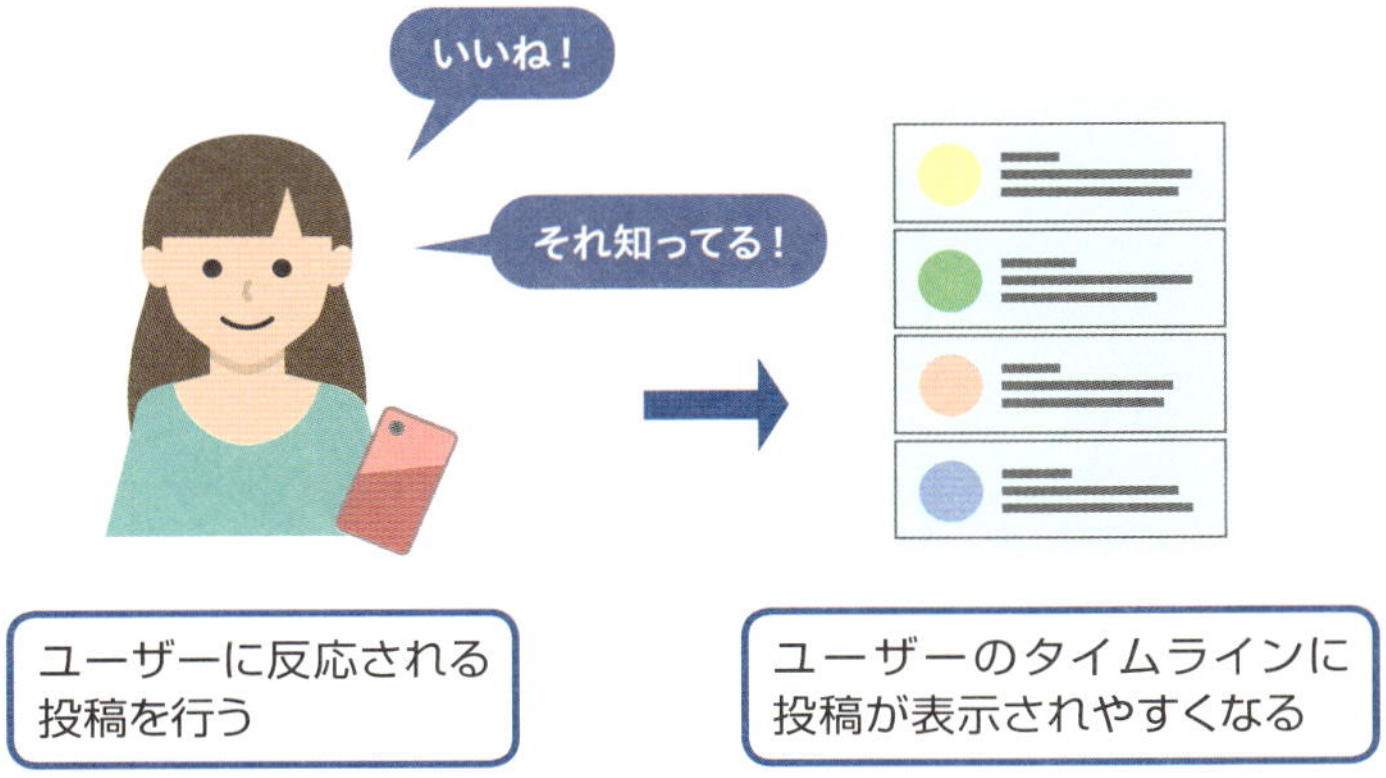
いいね！
それ知ってる！
ユーザーに反応される
投稿を行う
ユーザーのタイムラインに
投稿が表示されやすくなる

SECTION 06

Facebook

お店や会社のＦａｃｅｂｏｏｋページには情報を充実させる

ＳＮＳマーケティングにはＦａｃｅｂｏｏｋページを使用する

Ｆａｃｅｂｏｏｋで作成できるページには、「個人アカウント」と「Ｆａｃｅｂｏｏｋページ」の２種類が存在する。企業や個人事業主がマーケティングを行う場合、**Ｆａｃｅｂｏｏｋページのほうを用いる必要がある。**

個人アカウントとは、Ｆａｃｅｂｏｏｋを利用するために最初に登録するページのことだ。実名を用いて、友達どうしのやり取りを行うために使用する。一方、Ｆａｃｅｂｏｏｋページとは、企業がユーザーと交流するために使うものである。いわば、「Ｆａｃｅｂｏｏｋ上のホームページ」のようなものだ。

個人アカウントを持っている人は、それをＳＮＳマーケティングに使いたくなるかもしれない。しかし、個人アカウントは商用利用が禁止されているため、マーケティングに利用すれば利用停止処分になる可能性がある。また、個人アカウントは、「実名のみ」でしか登録できず、複数人で管理できないなど、汎用性が低いのだ。

個人アカウントとFacebookページの違い

個人アカウント

最初に登録するページ／主に個人が利用

Facebookページ

企業がユーザーと交流するために使うページ

個人アカウントはマーケティングに利用できない

商用利用は禁止

個人の実名でしか登録できない

複数人で管理できない

Ｆａｃｅｂｏｏｋページを開設して自社の情報を入力する

では、実際にＦａｃｅｂｏｏｋページを開設してみよう。まずは、Ｆａｃｅｂｏｏｋで個人アカウントを開設して、「作成」、「ページ」をクリックする。そのあと、「ビジネスまたはブランド」を選択して、「ページ名」と「カテゴリ」などの必要な情報を入力していく。

ページ名とカテゴリは、あとからでも変更可能だ。ページ名は、記号や「公式」や「Ｆａｃｅｂｏｏｋ」といった単語を含むことができないので、注意したい。また、カテゴリを選択するときは、キーワードを入力することで、カテゴリの候補が表示される。その中から、自社にもっとも近いと思われるものを選ぶ。たとえば、「Ｗｅｂサイトの集客」に活用したいのであれば、「ｗｅｂ」などと入力して表示される候補から選ぼう。

なお、Ｆａｃｅｂｏｏｋページを開設しても、Ｆａｃｅｂｏｏｋページに「管理者の個人アカウント」は表示されない。そのため、Ｆａｃｅｂｏｏｋページと個人アカウントを紐付けたくない人でも、安心して開設できる。

Facebookページを作成する

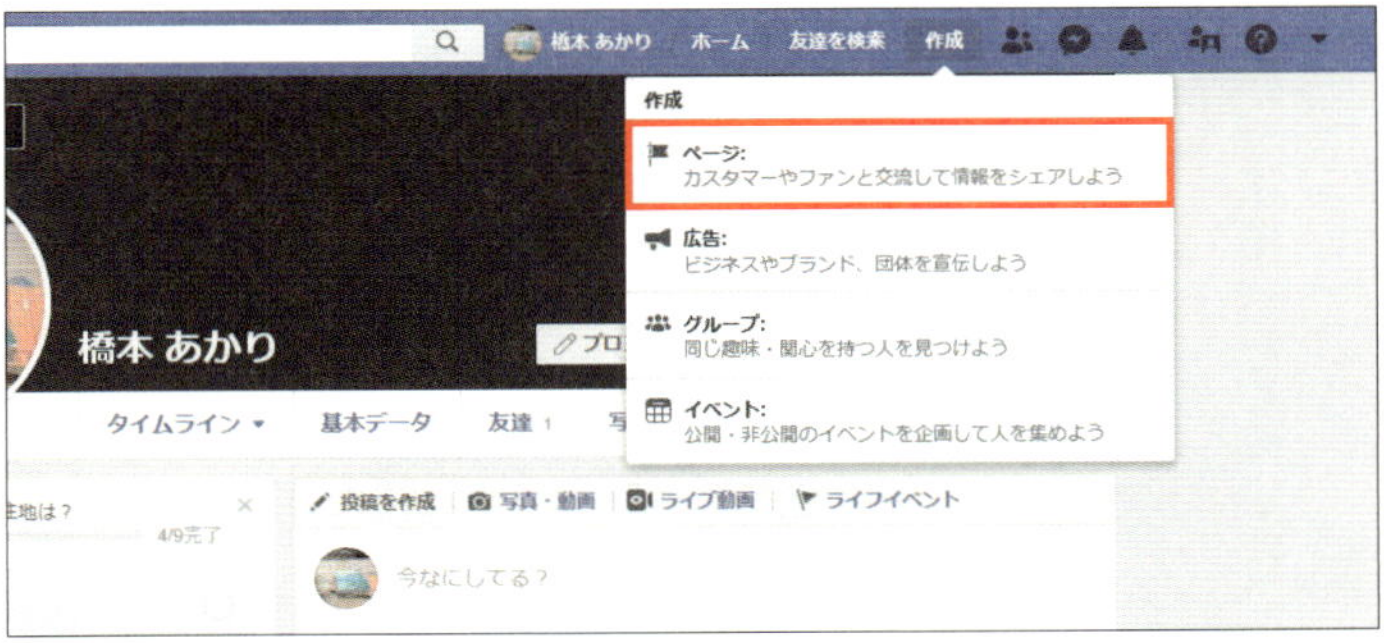

個人アカウントにある「作成」、「ページ」をクリックして、「ビジネスまたはブランド」を選択する

カテゴリ候補を検索する

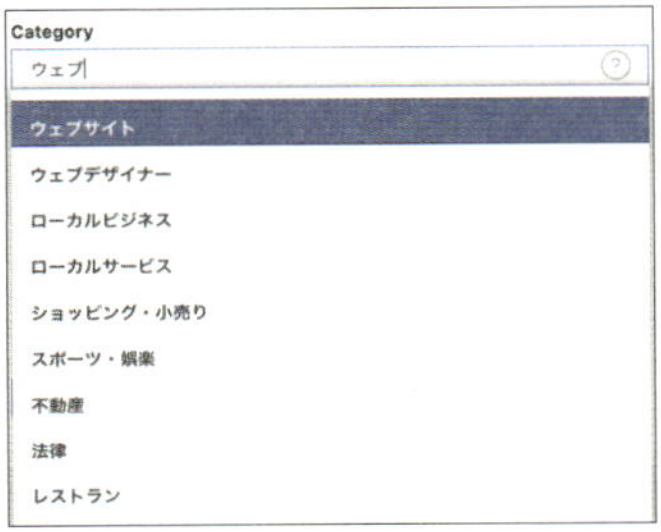

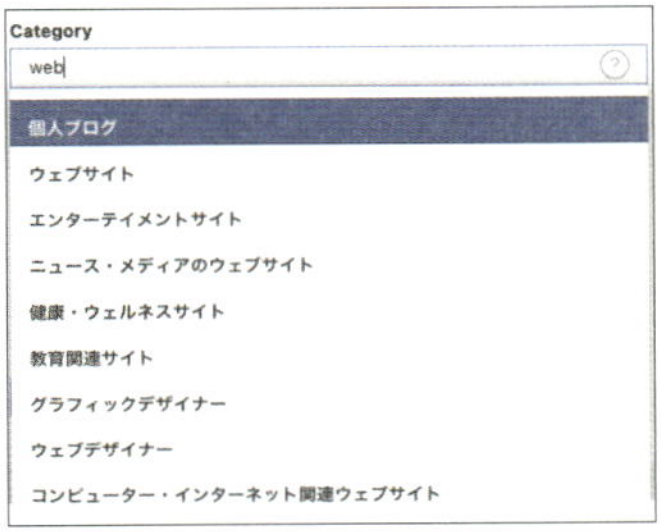

同じ単語でも、検索ワード次第で表示のされ方が違う。「日本語」と「英語」の両方で検索すると、目的のカテゴリが見つかりやすい

詳細を設定して印象に残るＦａｃｅｂｏｏｋページにする

続けて、Ｆａｃｅｂｏｏｋページに企業や店舗の情報を充実させていく。

まず、「プロフィール写真」を設定する。このとき、プロフィール写真には「**自社の存在が認識されやすい写真**」を選ぼう。Ｆａｃｅｂｏｏｋページを訪問したユーザーが、最初に目にするのがプロフィール写真だ。適切なプロフィール写真を設定して、自社の第一印象を効果的にアピールしたい。オリジナルのロゴマークやキャラクター、企業を代表する商品や建物などの写真を使用しよう。

また、「カバー写真」を設定するときにもポイントがある。カバー写真は、サイズが大きく、ページ全体の世界観を印象付ける。そのため、自社の特長や思いが現れる写真を選びたい。たとえば、飲食店であれば、店内の写真やスタッフの集合写真など、お店の姿が伝わる写真でもよいだろう。

さらに、「ユーザーネーム」（ユニークＵＲＬ）を設定する。これは、Ｆａｃｅｂｏｏｋを開いたときに表示される「https://www.facebook.com/○○」の「○○」の部分のことだ。ユーザーネームを設定すれば、ユーザーから検索されやすくなり、アクセスしやすくなるので、わかりやすいものを設定しよう。

プロフィール写真・カバー写真の選び方

プロフィール写真には、ロゴやキャラクター、企業を代表する商品や建物の写真を設定

カバー写真には、店内の写真やスタッフの集合写真を設定

ユーザーネームの設定

Facebookページトップで「Facebookページの@ユーザーネームを作成」をクリックする

SECTION 07

投稿は3つの「パターン」でマンネリ化を回避する

Facebook

宣伝は写真でインパクトを出しながら、わかりやすく伝える

Facebookページを無事に開設したら、さっそく投稿をしていこう。しかし、せっかく投稿をしても、同じような内容のくり返しでは、ユーザーのアクションを得ることができない。そこで、「宣伝」「お知らせ・近況」「問いかけ系」の3つのパターンの投稿を取り入れることでマンネリ化を防ぎ、ユーザーの興味を惹き付けよう。

まず、Facebookページで何よりも重要な投稿は、自社の商品やサービス、イベントの「宣伝」である。この投稿を行うときは、ターゲットユーザーが知りたい情報を、詳しく、かつわかりやすく掲載する。同じ商品を同じ切り口で何度も紹介すると、ユーザーは飽きてしまうので、いろいろな側面から商品を紹介することが大切だ。

また、投稿には写真を必ず掲載しよう。とくに、「これは何だろう?」とユーザーに思わせる写真や、見栄えのよい写真など、インパクトのある写真を掲載したい。そうすることで、ユーザーは投稿に興味を持ってくれるだろう。

Facebookページで「宣伝」する

ターゲットユーザーの知りたい情報を投稿する

あらゆる切り口で商品を紹介

投稿には写真を添付する

ユーザーにインパクトを与える写真を選ぶ

複数枚の写真を載せる

日常の投稿で共感を集めたり、質問で関心を引いたりする

「宣伝系」の投稿ばかりでは、ユーザーの共感を得づらい。ユーザーが共感したり親しみを感じたりしてくれるような「日々のお知らせ」や「近況」なども投稿しよう。このような投稿を行うときは、ＳＮＳ運用担当者の人柄を表現することがポイントだ。たとえば、「今日は新入社員の歓迎会を行った」「帰省して、久しぶりに自然に触れた」などの日々の様子が見える投稿を行えば、ユーザーが親近感を持つきっかけになる。ほかにも、「今日は花火大会ですね」などのように旬のイベントに関連した投稿をしたり、スタッフが撮影した風景写真を投稿したりすれば、共感したユーザーからの「いいね！」が集まるはずだ。

さらに、ユーザーに質問を投げかける「問いかけ系」の投稿は、ユーザーの反応を得やすい。「ＡとＢとでは、どちらがいいと思いますか？」「写真の中に〇〇は何個あるでしょう？」などのかんたんな質問を投げかけてみよう。ユーザーは自然と「どちらがいいだろう？」「何個だろう？」と考えるので、自社のＦａｃｅｂｏｏｋページへの主体的な参加を促せる。ユーザーからコメントをもらったら、丁寧に返事をしよう。

「日々のお知らせ」や「近況」を伝える

風景写真

日々のお知らせや近況

旬のイベント

「問いかけ系」の投稿で反応を引き出す

「問いかけ系」の投稿をすれば、ユーザーの関心を引くことができる

SECTION 08

タイムライン上での投稿の見え方を意識する

Facebook

文字と写真はユーザーが見やすいように気を配る

Ｆａｃｅｂｏｏｋページに投稿するとき、気を付けるべきことは「どのような内容にするか」だけではない。その投稿がタイムライン上で「どのように見えるのか」ということにも注意する必要がある。さらに、パソコンで見た場合と、スマートフォンで見た場合とでは、投稿の見え方が異なるのだ。場合によっては、画像の一部しか表示されなかったり、文章がすべて表示されなかったりする。

長文を投稿すると、タイムラインに表示されるときに文章の後半が隠れてしまう。そのため、文章の前半に伝えたいことを書いたり、続きを読みたくなるような書き出しにしたり、文字数を少なくしたりするなどの工夫をしよう。

画像が欠けてしまわないようにするには、パソコンの場合は、「幅：高さ＝1．91：1」の比率の画像、スマートフォンの場合は、「幅：高さ＝1.5：1」の比率の画像にすれば、画像は欠けなくなる。

長文は投稿の後半が隠れる

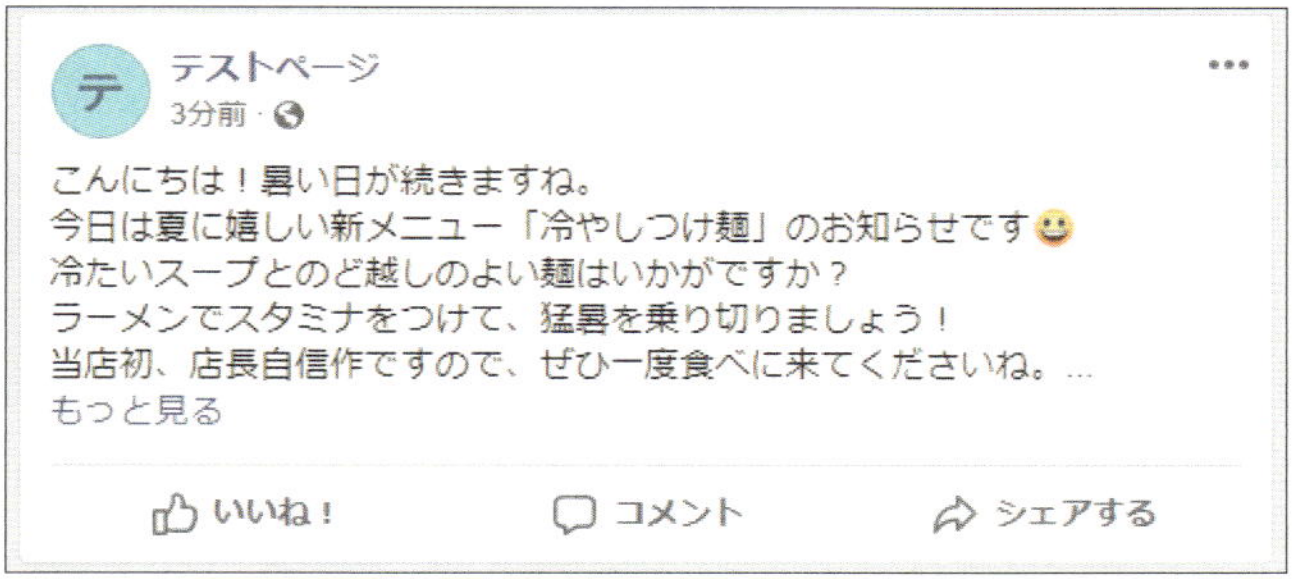

文章の前半に伝えたいことを書いたり、読む人を惹き付ける書き出しにしたり、文字数をなるべく減らしたりといった工夫をしたい

パソコンとスマートフォンでは写真の見え方が違う

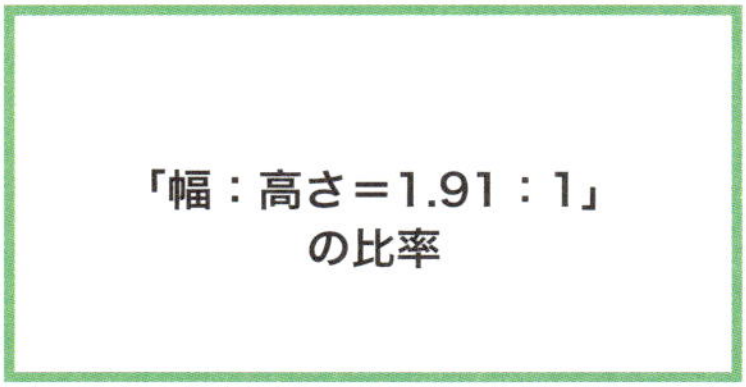

パソコンの場合

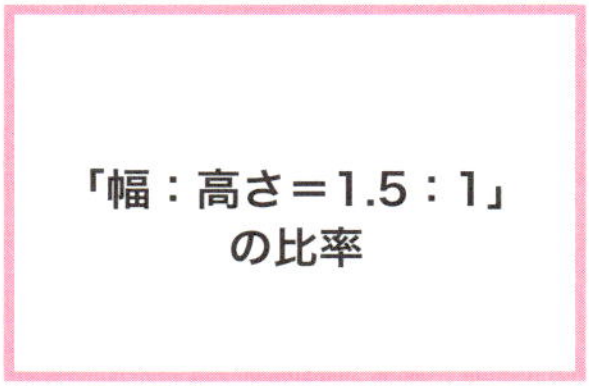

スマートフォンの場合

画像サイズによって、投稿した写真の見え方が異なる。ターゲットとするユーザーが見る媒体によって画像サイズを考えよう

SECTION 09

Facebook

「エッジランク」のしくみを理解して投稿の閲覧率を上げる

投稿の優先順位はエッジランクに影響される

先述したように、Ｆａｃｅｂｏｏｋは独自のアルゴリズムによって、ニュースフィード（ユーザーがフォローや「いいね！」をしているアカウントからの投稿を一覧表示する画面）に優先して表示する投稿を決めている。そのとき使われるアルゴリズムを「エッジランク」と呼ぶ。**エッジランクは、ユーザーの過去の行動から、「興味」や「人間関係」を把握して、表示する投稿の優先順位を決めている。**

エッジランクの詳細は非公開だが、「親密度」「重み」「経過時間」「ネガティブフィードバック」の４つを数値化して優先度を決めるといわれている。親密度とは、投稿者とどれだけ濃い人間関係を築いているか（「いいね！」やメッセージ回数が多いなど）、重みとは投稿内容が重要かどうかだ（ほかのユーザーからのリアクションが多いなど）。また、新しい投稿であるほど「経過時間」の数値は高く、ネガティブな反応（「いいね！」の取り消しなど）をした投稿者に対しては「ネガティブフィードバック」が高くなる。

Facebookの「エッジランク」

Facebookのエッジランクがユーザーの過去のアクションからユーザーの「人物像」を把握

ユーザーのアクションから判断する

エッジランクは4つの指標を数値化して、優先して投稿する内容を決めている

エッジランクを意識して、優先的に表示されるしくみを作り出す

では、ユーザーのタイムライン上に優先して投稿を表示させるには、どうしたらよいのだろうか。

まず、エッジランクから「この投稿は親密度と重みが高い」と判断される必要がある。そのためには、「**ユーザーに喜ばれる投稿**」を行うことが必要だ。ターゲットユーザーが何の情報を求めているかを考えたうえで投稿しよう。

また、「**反応しやすい投稿**」にすることもポイントである。写真や動画などのビジュアルでインパクトを与えたり、問いかけ系の投稿をしたりすることで、「いいね！」やコメントなどの反応を集めれば、「ユーザーとの親密度が高い」と判断される。

「重み」を高くするために、「**ニュース性の高い投稿**」をすることも忘れたくない。そのために、新商品などの情報は早めに投稿しよう。

さらに、エッジランクが「経過時間」を判断しているからこそ、**見られやすい時間に投稿する**ことが重要だ。どの時間帯にユーザーが見ているのか、また、ユーザーからの反応が多いのはいつなのか、インサイト（64ページ参照）で傾向を把握しておこう。

「エッジランク」を利用した投稿が必要

ユーザーに喜ばれるような投稿で「いいね!」やコメントを集める

写真を使った投稿や問いかけ系の投稿でユーザーの反応を促す

新商品の情報を早めに伝えるなどニュース性の高い投稿をする

見ている人が多い時間帯に投稿をする

SECTION 10

店主や従業員の個人アカウントでも積極的に交流する

Facebook

投稿が信頼され、タイムラインに表示されるようにする

ユーザーは、よくわからない「顔が見えない相手」よりも、「顔の見える相手」からの情報を信頼している。そのため、Ｆａｃｅｂｏｏｋページを運用している店主や従業員は、**可能な限り自分の個人アカウントでもユーザーと「友達」になって、積極的に交流しよう**。そうすることで、ユーザーは「こういう人が、あのお店のＦａｃｅｂｏｏｋページを運用している」とわかるようになり、信頼度は高まっていく。個人アカウントでも、ユーザーの投稿に「いいね！」したりされたり、メッセージを送り合ったりするなどして交流を深めよう。

また、ユーザーとの「親密度」を高めておいたうえで、自分の個人アカウントでＦａｃｅｂｏｏｋページの投稿をシェアしよう。そうすることで、個人アカウントでシェアしたＦａｃｅｂｏｏｋページの投稿は、ユーザーのタイムラインに表示されやすくなるというわけだ。

個人アカウントでユーザーとつながる

「顔が見える相手」が投稿するFacebookページは信頼感が増す

個人アカウントで親密度を高める

個人アカウントでユーザーの投稿に積極的に反応して交流する。自社Facebookページの投稿もシェアする

自社のFacebookページの投稿がユーザーのタイムラインに優先的に表示される

SECTION 11

Facebook

メッセージ機能を使って問い合わせを受け付けやすくする

メッセージ機能でユーザーに返信を待たせるストレスをなくす

ユーザーからの問い合わせのための窓口は重要だが、インターネット上にメールアドレスを公開すると、悪用されることもある。その点Ｆａｃｅｂｏｏｋでは、Ｆａｃｅｂｏｏｋページの「メッセージ」機能を利用すれば安心だ。「メッセージ」に届いたメッセージは、Ｆａｃｅｂｏｏｋページ上部にある「受信箱」から確認できる。設定次第では、メッセージのブロックも可能だ。

また、繁忙期や問い合わせが集中しているときなどは、メッセージに迅速に対応できないときがある。そのようなときに利用したいのが、「インスタント返信」機能だ。これを使えば、機械がユーザーからのメッセージに対して、自動返信してくれる。「自動送信するメッセージの内容」や「署名」を指定できるため、「３営業日以内に担当者からご連絡させていただきます」などの返信を設定しておくことで、ユーザーを安心させることができる。

メッセージを確認する

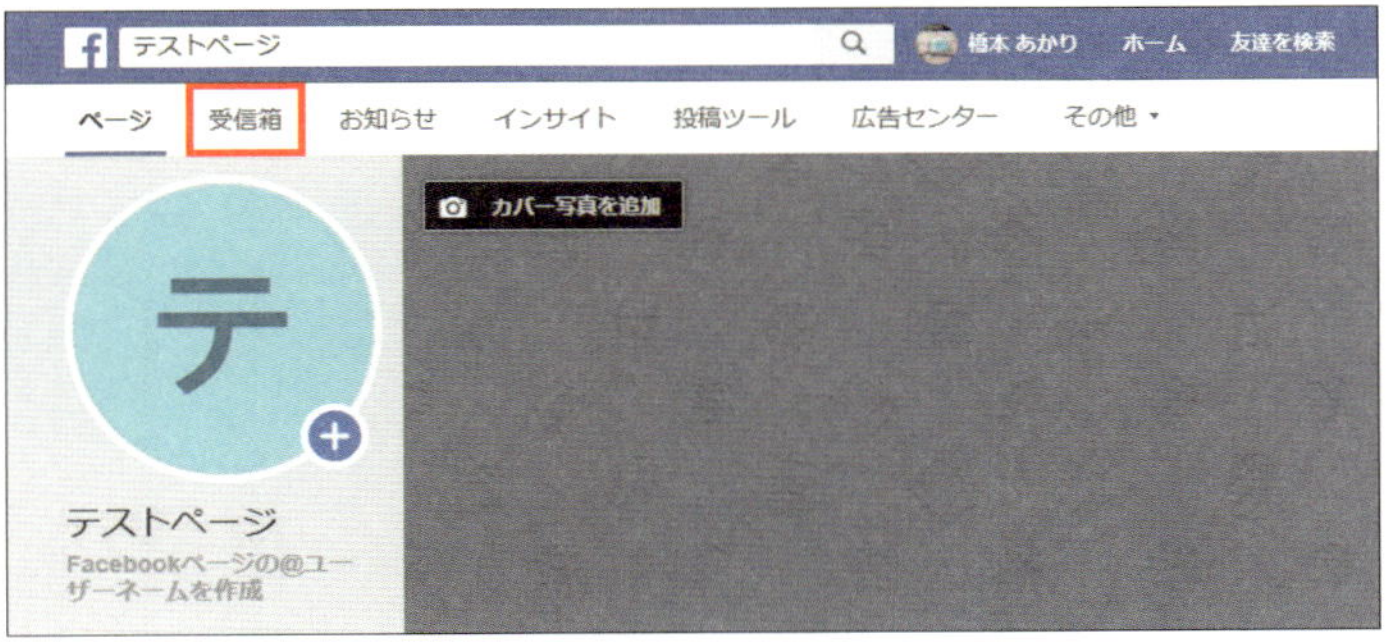

ユーザーからのメッセージは「受信箱」から確認できる

インスタント返信を利用する

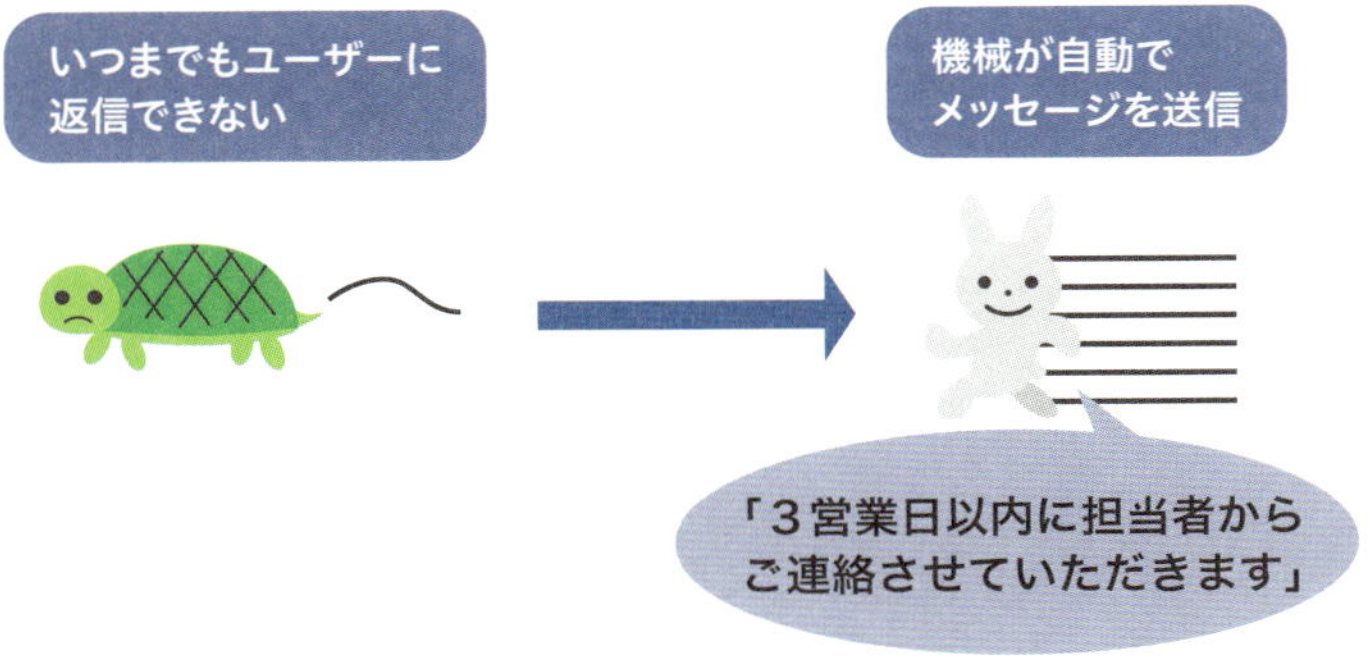

インスタント返信を使えば、ユーザーに返信を待たせる時間が減る

予約ボタンを設置して、機会損失を防ぐ

飲食店や美容室、イベントなどの予約を受け付けられるサービスのＦａｃｅｂｏｏｋページなら、「**予約ボタン**」を設置しよう。

まず、Ｆａｃｅｂｏｏｋページのカバー写真付近に表示される「＋ボタンを追加」のボタンをクリックする。なお、予約ボタンのようなボタンを、コールトゥアクション（以下、ＣＴＡ）ボタンと呼ぶ。ＣＴＡとは、ユーザーが企業に対して、「予約する」「アプリを利用」「購入する」などのアクションを起こしやすくするための機能だ。

「＋ボタンを追加」をクリックしたら、「予約を増やす」の「予約する」を選択し、誘導したい「外部Ｗｅｂサイト」のＵＲＬを入力しよう。たとえば、自社のＷｅｂサイトにある「予約受付フォーム」のＵＲＬを入力する。そうすれば、ユーザーは予約ページを探す必要がない。Ｆａｃｅｂｏｏｋページ上で「予約する」ボタンを押すだけで、すばやく予約することができるのだ。また、予約ページを持っていない場合は、Ｆａｃｅｂｏｏｋの予約機能を使うこともできる。

メッセージを確認する

予約ボタンを設置するには、「＋ボタンを追加」をクリックする

コールトゥアクションの種類

- 予約する
- Facebookに登録
- 購入する
- お問い合わせ
- 動画を見る
- アプリを利用
- ゲームをプレイ

Facebookページに訪問したユーザーに促したいアクションを選択できる

SECTION 12

Facebook

キャンペーンを実施して顧客との交流を活性化する

プレゼントキャンペーンでユーザーの反応を促進する

Ｆａｃｅｂｏｏｋページでは、一方通行的な情報発信だけでなく、ユーザーと双方向の交流ができるようになれば、ユーザーの自社や商品への興味や認知度がさらに高くなることが見込める。そこで、Ｆａｃｅｂｏｏｋページでキャンペーンを実施することも考えよう。たとえば、「来店してスポットにチェックインした人にクーポンをプレゼント」といったキャンペーンを行えば、ユーザーの興味が高まり、来店やチェックインを促すことができる。

また、キャンペーンで**アンケートを取る**などして、ユーザーからの意見を吸い上げる手段として活用してもよいだろう。たとえば、「この商品の気になるところはどこですか？　メッセージでお答えください。ご回答いただいた方の中から抽選で○○をプレゼント」と呼びかければ、Ｆａｃｅｂｏｏｋページへのリアクションが増えるだけでなく、企業や店側が気付いていない視点からの意見を集めることができるだろう。

キャンペーンはユーザーの反応を得やすい

キャンペーンは、ユーザーとの交流を活性化させるために有効な手段である

プレゼントキャンペーンを実施する

ユーザーの興味を集めるには、プレゼントキャンペーンが効果的

「禁止事項」に注意しながらキャンペーンを行う

プレゼントキャンペーンを実施する前に、Ｆａｃｅｂｏｏｋの「利用規約」と「Ｆａｃｅｂｏｏｋプラットフォームポリシー」は必ずチェックしておきたい。これらに違反すると、Ｆａｃｅｂｏｏｋページが停止される恐れがある。

たとえば、利用規約によると、Ｆａｃｅｂｏｏｋページのプロモーションの運営に、「ユーザーのタイムラインや友達のつながり」を使用してはいけない。よって応募条件として、ユーザーに「Ｆａｃｅｂｏｏｋページの投稿をタイムラインでシェアする」や「投稿に友だちをタグ付けする」ことをユーザーに求めてはいけないのだ。「タイムラインでシェアすれば、プレゼントの当選確率が上がる」と伝えることも禁止されている。

Ｆａｃｅｂｏｏｋプラットフォームポリシーによると、許可されている応募条件は「アプリへのログイン」や「アプリのＦａｃｅｂｏｏｋページにおけるプロモーションへの参加」「スポットへのチェックイン操作」「コミュニケーションを目的としたＭｅｓｓｅｎｇｅｒ（メッセージ）の使用」のみである。そのほかのアクションは応募条件にしてはいけない。より自由度の高いキャンペーンを実施する場合は、Ｆａｃｅｂｏｏｋページでのキャンペーンの告知のみを行い、応募には外部サイトを利用する方法もある。

キャンペーンでの禁止事項例

Facebookページの投稿をタイムラインでシェアする

「タイムラインでシェアすれば、プレゼントの当選確率が上がる」と伝える

投稿に友だちをタグ付けする

許可されているキャンペーン応募条件

アプリへのログイン

アプリのFacebookページにおけるプロモーションへの参加

スポットへのチェックイン

メッセージの使用

SECTION 13

Facebook

インサイト機能で投稿への反応を分析する

Facebookページを分析してファンを増やす

ページへの「いいね！」が増えてきたら、自社のFacebookページを分析して、より多くのファンを獲得するにはどうすればよいのかを考えたい。そこで、「インサイト」機能を利用しよう。**インサイトとは、Facebookページの管理者が、自社のFacebookページを分析するためのツールである。**Facebookページに付いた「いいね！」数の推移や、投稿への反応、投稿を見たユーザーの属性などが確認できる。ただし、一定の条件を満たさないと見られない項目もある。

インサイトは、Facebookページのカバー画像付近にある「インサイト」をクリックすることで確認できる。ページの概要や、フォロワー、「いいね！」数、リーチ（広告の到達率のこと）などがグラフで表示される。

また、インサイトは、「概要」の右上に表示されている「データをエクスポート」から、データのダウンロードができるようになっている。

インサイトでわかること

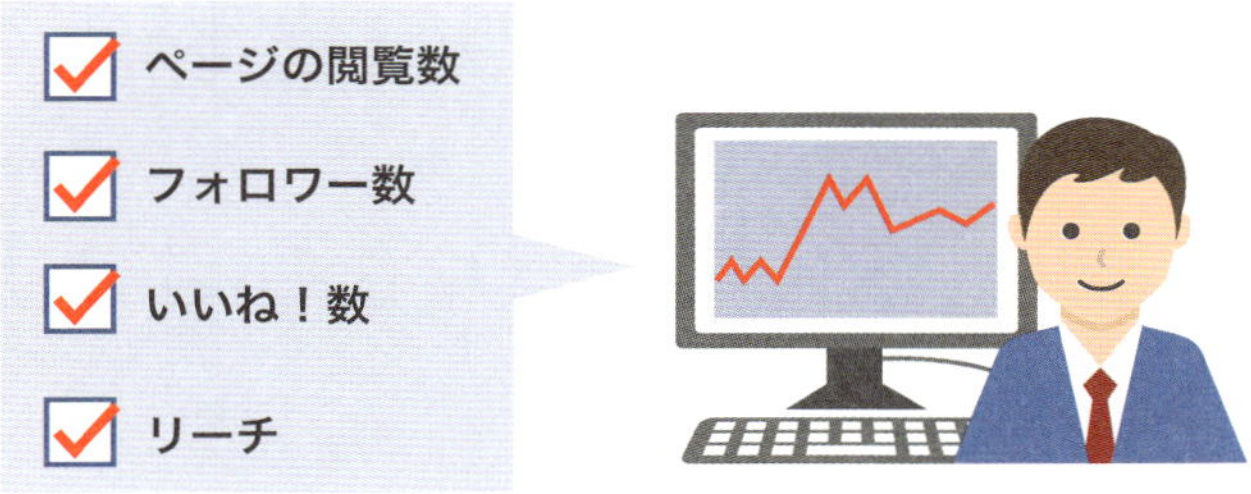

より多くのユーザーにFacebookページを見てもらうには、インサイトを利用したページの分析が欠かせない

インサイトを利用する

インサイトは、カバー画像上部の「インサイト」をクリックすると確認できる

タイムラインにどのくらい投稿が表示されているのかチェックする

インサイトには、Ｆａｃｅｂｏｏｋページのさまざまな情報が表示される。まずは、「概要」（インサイトの概要）「いいね！」（「いいね！」数やその出所など）「リーチ」（ユーザーに投稿が表示された数）「投稿」（投稿ごとのユーザーの反応など）に注目したい。はじめにこれら４つを確認すれば、改善点を掴みやすい。

たとえば、「いいね！」を見れば、どのような投稿が「いいね！」を集めやすいのか、「投稿」を見れば、ユーザーはどの時間帯にＦａｃｅｂｏｏｋページを見ているのか、ということが確認でき、改善点をあぶり出すことができる。

とくに確認するべき重要なポイントは「リーチ」である。なぜなら、リーチ数が少ない場合、ユーザーのタイムライン上に「投稿が表示されていない」ことを意味するからだ。タイムラインの表示には、エッジランクが深く影響している。リーチ数が下がっているときは、エッジランクの評価が下がる投稿をしていないか、チェックしてみよう。

また、ある程度利用者が増えてデータが集まると、「利用者」という項目を見られるようになる。「利用者」では、ページを見ているユーザーの年齢などを確認できるので、こちらも活用して、年齢に合わせた投稿をしよう。

確認したい4つの項目

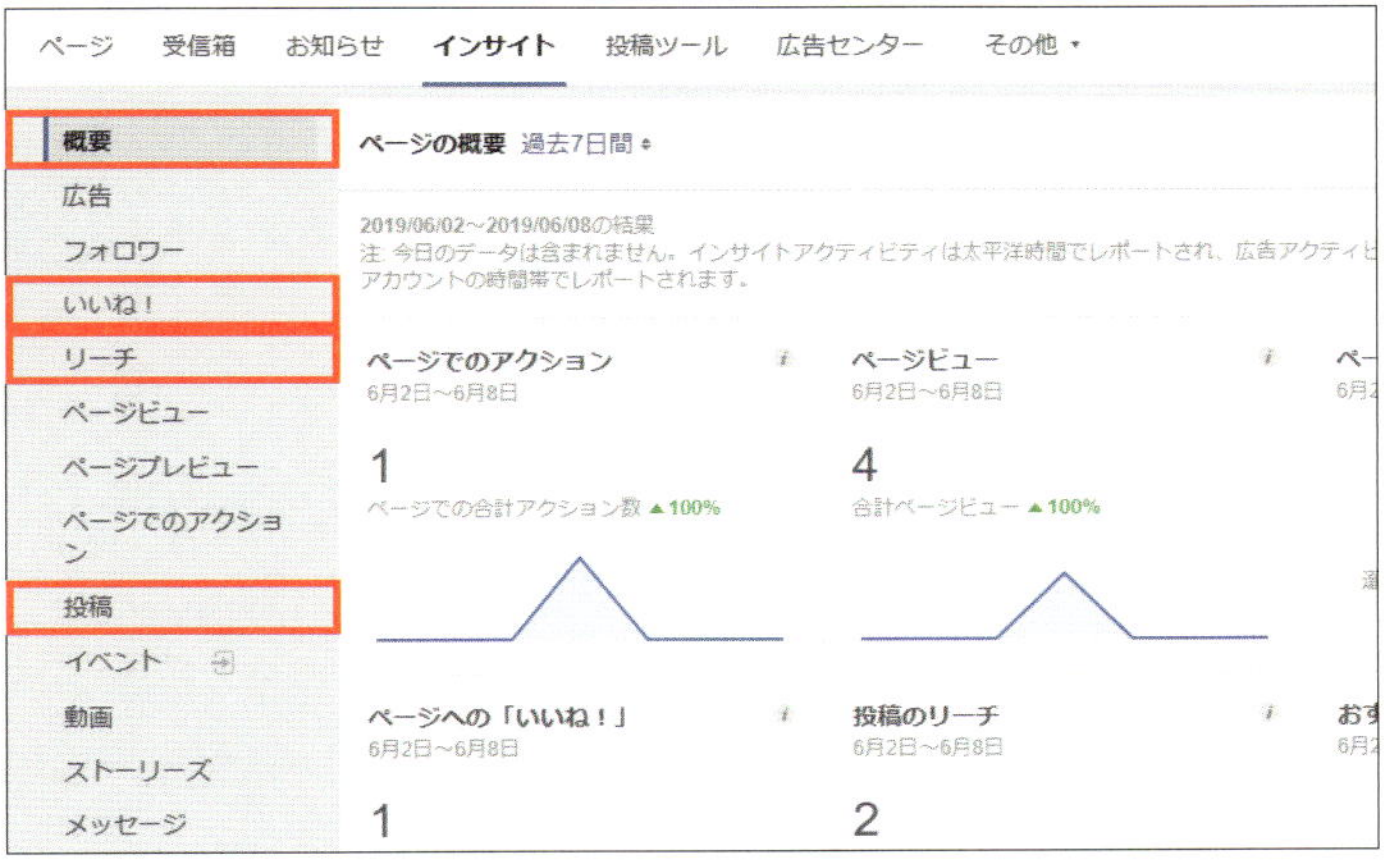

まずは、「概要」「いいね!」「リーチ」「投稿」を確認する

投稿が届かない原因を探る

せっかく投稿してもリーチされていないと情報が伝わらない。
リーチされていない原因を過去の投稿から探る必要がある

COLUMN

Facebook広告は低価格から出稿可能

Facebookページで広告を出せば、アクティブユーザーに広くリーチできる。ただ、気になるのが「広告費」だ。費用対効果が低ければ、利用し続けることは難しくなる。

しかし、Facebook広告の費用対効果は高いといえる。なぜなら、ほかの媒体と比べて単価が低いからだ。Facebook広告は広告がクリックされると費用が発生するシステムだ。検索エンジンの検索結果に表示されるリスティング広告でクリック単価が1,000円以上かかるものでも、Facebook広告であれば数百円程度に抑えられることもある。また、広告費の予算上限も設定できる。

さらに、Facebookのターゲティングは精度が高く、年齢や趣味などの個人情報を細かく設定して広告を出せる。自社のターゲットを把握していれば、経済的かつ効果的に、広告をユーザーに届けることができるのだ。

● Facebook広告のメリット

クリック単価が低い
予算上限を設定可能

ターゲティングの精度が高い

3章

Instagram マーケティング

SECTION 14

写真で一気に購買欲を高めるInstagram

Instagram

ハッシュタグで大勢のユーザーに検索されるようにする

Ｉｎｓｔａｇｒａｍにおける集客では、写真映えする投稿を行うことで、ビジュアル訴求型のマーケティングを実施できる。また、投稿に「ハッシュタグ」を付けて投稿を拡散できるのも大きな特徴だ。

ハッシュタグとは、「＃旅行」「＃ｔｏｋｙｏ」などのように、記号の「＃（ハッシュマーク）」を入れたキーワードのことだ。そのハッシュタグが付いた投稿はタグ化される。そして、ユーザーが興味のあるハッシュタグで検索したとき、そのハッシュタグにタグ付けされた投稿が、検索・表示されるようになっている。Ｉｎｓｔａｇｒａｍは、ほかのＳＮＳと異なり、ユーザーからの「いいね！」や「コメント」などでは投稿を拡散することができない。そのため、**多くのユーザーに投稿を届けるには、ハッシュタグを付けて投稿することが必須だ**。また、自店を利用したユーザーに、写真や感想を投稿してもらい、口コミで拡散してもらうことも重要になる。

投稿にはハッシュタグを付ける

投稿に「#（ハッシュタグ）」を付ける

ユーザーがそのハッシュタグで検索すると、投稿が表示される

Instagramでは口コミで集客

Instagramの機能では、「いいね!」「コメント」などでは投稿を拡散させることができない

自店を利用したユーザーに、口コミで広めてもらう

SECTION 15

ビジネスアカウントを活用する

Instagram

ビジネスプロフィールに切り替える

Ｉｎｓｔａｇｒａｍ でＳＮＳマーケティングを行うときは、無料で使える「**ビジネスアカウント**」を活用しよう。ビジネスアカウントとは、ビジネス利用者向けのアカウントのことだ。

ビジネスアカウントに切り替えると、顧客と交流するときに役立つ３つの機能を利用できるようになる。１つ目は、「ビジネスプロフィール」だ。ビジネスプロフィールでは、プロフィール画面に住所や電話番号、メールアドレスなどのビジネス情報を表示できる。そのため、アカウントを見たユーザーが店舗やホームページなどにアクセスしやすい。２つ目は、「インサイト」だ。これを使えば、Ｉｎｓｔａｇｒａｍで行った投稿や宣伝の分析を行える。３つ目に、「投稿の宣伝」を利用することが可能だ。これを使えば、過去の投稿を広告として出稿（再投稿）することができる。これらの機能を使いながら投稿していこう。

ビジネスアカウントを使用する

Instagramでのマーケティングでは、「ビジネスアカウント」への切り替えが必須だ

ビジネスアカウントでできること

ビジネスプロフィール

プロフィール画面に、住所や電話番号などを表示

インサイト

Instagramで行った投稿や広告の分析

投稿の宣伝

過去の投稿を広告として出稿

ビジネスアカウントに切り替える

Ｉｎｓｔａｇｒａｍのビジネスアカウントを利用するために、まずはパソコンかスマートフォンのＩｎｓｔａｇｒａｍアプリで、Ｉｎｓｔａｇｒａｍアカウントを取得する。このとき、ビジネス向けに使うのであれば、スマートフォンアプリがおすすめだ。パソコン版のアプリでは、写真やストーリーの投稿、ダイレクトメールの送受信を行うことができないからである。なお、ビジネスアカウントへの切り替えには、「**Ｆａｃｅｂｏｏｋページの作成**」と「**Ｆａｃｅｂｏｏｋページの管理者になっているアカウント**」が必要となる。

ビジネスアカウントに切り替えるときは、メニューボタン、設定アイコン、「アカウント」の順にタップし、「ビジネスアカウントに切り替える」をタップして設定を進めていく。なお、ビジネスアカウントに切り替えると、「非公開アカウント」にすることができなくなる。また、紐付けたＦａｃｅｂｏｏｋアカウント以外では、Ｆａｃｅｂｏｏｋで投稿をシェアできなくなるので注意しよう。

ビジネスアカウントに切り替える

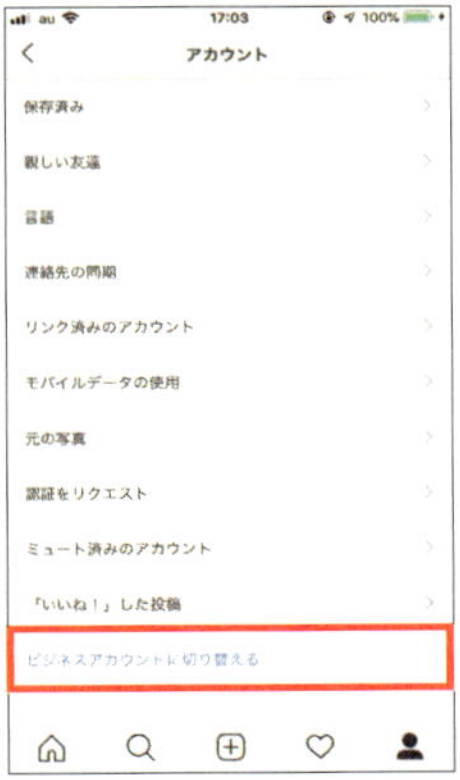

設定アイコン、「アカウント」、「ビジネスアカウントに切り替える」をタップ

ビジネスアカウントでできないこと

非公開アカウントの使用

紐付けたFacebookアカウント以外でのシェア

SECTION 16

Instagram

インスタ映えする写真は「構図」と「色」を意識する

正方形の写真に合う構図を意識する

インスタ映えする写真を撮るために、まず押さえたいのが、写真の構図だ。Ｉｎｓｔａｇｒａｍアプリの仕様上、もっとも適する写真の比率は「１：１」である。アカウントトップ画面や検索結果画面などでは、すべての写真が正方形の比率でサムネイル表示されるからだ。そこで、正方形の写真と相性のよい「真俯瞰」や「日ノ丸」などの構図で撮影しよう。

真俯瞰とは、**真上から撮影する構図**のことで、Ｉｎｓｔａｇｒａｍでも流行している撮り方だ。横から光が当たっている状態や、逆光の状態で真俯瞰で撮れば、きれいな写真になる。また、日ノ丸とは、**写真の中心に見せたいものを配置する構図**のことである。主題が明確な構図なので撮りやすい。これらの構図で写真を撮るときは、背景をシンプルにするなどして、伝えたい商品などを引き立たせよう。そうすれば、インパクトのある写真になり、ユーザーの目に留まりやすい。

正方形を意識する

Instagramの投稿は、正方形を意識すればきれいに表示される

「真俯瞰」や「日ノ丸」でダイレクトに訴求

真俯瞰

真上から俯瞰して撮影

日ノ丸

中心に被写体を配置して撮影

写真の色味はカラフルかフォギーで統一する

インスタ映えする写真にするには、構図だけではなく「色」を意識することもポイントだ。写真を投稿する前に、Ｉｎｓｔａｇｒａｍアプリで写真の色を加工しよう。投稿画面で投稿したい写真を選択すると、写真の下に複数のフィルターが表示される。フィルターを適用すると、写真の色合いや雰囲気をかんたんに加工できる。

また、画像の編集画面下部にある「編集」をタップすると、自分で写真の明るさや彩度などを編集したり、写真の傾きを調整したりすることができる。たとえば、「彩度」は画像の鮮やかさを編集する機能だ。彩度を強くすることで、よりカラフルで鮮やかな写真になるだろう。また「フェード」機能を使えば、雲がかかったような、白味のある画像へと加工することができる。写真にフェードをかけると、雰囲気がやわらかくなり、おしゃれな印象を与える。

投稿の色味を統一すると、アカウントトップ画面のサムネイルが美しく見える。彩度を上げてカラフルな写真にするか、フェードをかけてフォギーな写真にするか、方向性を最初に決めておくと、加工しやすいだろう。

フィルターでかんたんに加工

フィルター

投稿写真を選ぶと色味などを編集できる「フィルター」画面が表示される。数種類のフィルターを選ぶだけで、かんたんに写真を加工できる

写真の編集

彩度

画像の鮮やかさを編集

フェード

雲がかかったような
白味のある画像へと加工

写真を撮り溜めて毎日1回は投稿する

Instagramで「いいね！」やフォロワー数を増やすためには、できる限り毎日投稿する必要がある。毎日投稿していれば、より多くのユーザーの目に留まりやすいからだ。また、なかなか更新されないアカウントは、ユーザーを楽しませることができなかったり、アカウントの存在を忘れられてしまったりして、効果的なマーケティングができない。

そこで、**1日に最低でも1回の投稿を目指そう**。ただし、1日にあまりにも多く投稿し過ぎると、フォロワーのタイムラインが自店の投稿ばかりになってしまう。フォロワーは、同じ投稿者の投稿ばかりでは飽きてしまうので、しつこく投稿するとフォローを解除されかねない。そのため、多くても1日3〜4回程度の投稿がベターである。

ただ「1日に1回投稿する」と決めても、インスタ映えするような写真を撮るにも、写真を加工するにも、ある程度まとまった時間が必要だ。本業をこなしながら、それらを工夫して行う時間がないときもあるだろう。そこで、写真を撮り溜めておくことがおすすめだ。1〜2週間先に載せる写真をまとめて用意しておいて、1日1枚などのペースで投稿していこう。

毎日投稿することが大事

ユーザーの目に留まりやすい

なかなか更新されないとフォローされづらい

毎日投稿する上での注意

1日に何回も更新しない

写真は撮り溜めて1日1回投稿

長方形の写真を投稿するときはアスペクト比に注意

Ｉｎｓｔａｇｒａｍで投稿できるのは、「正方形」の画像だけではない。「長方形」の画像を投稿することもできる。長方形の画像を投稿したいとき、横長であれば１．91：１まで、縦長であれば４：５までが適切な比率（アスペクト比）になる。そのため、幅が１０８０ピクセルの写真を投稿するとき、高さを５６６、または１３５０ピクセルにすれば、写真のもとの解像度を保つことが可能だ。

なお、適切なアスペクト比でないと、写真が自動でトリミングされる。その結果、たとえば、解像度が３２０ピクセル以下の写真であれば、３２０ピクセル（最低解像度）まで拡大されて写真がぼやけてしまうので注意しよう。

また、複数枚の写真を投稿するときは、すべての写真が正方形にトリミングされる。よって、長方形の写真はそのまま使うことができない。たとえば、横長の写真を投稿しようとすれば、正方形のサイズに自動調整されるため、左右がトリミングされた形で投稿される。アプリなどで整形して投稿しよう。

長方形の写真の最適なアスペクト比

1．91：1

横長

4：5

縦長

長方形の写真を投稿するときに注意すること

アスペクト比に注意

アスペクト比が適切でないと写真が自動でトリミングされて、ぼやけることも

長方形の写真は1枚ずつ投稿

複数枚まとめて投稿するには、正方形のサイズにトリミングしなくてはならない

SECTION 17

Instagram

投稿には「人気タグ」と「オリジナルタグ」を必ず付ける

人気タグ探しには、Instagramと外部Webツールを利用する

Instagramで投稿するときには、ユーザーから見つけてもらえるように、ハッシュタグを付けることがポイントだ。そのとき、より多くのユーザに見つけてもらえるように、「人気のハッシュタグ」（以下、人気タグ）を付けよう。人気タグを見つける方法は、大きく2つある。

1つは、Instagramアプリで探す方法だ。まず、Instagramの検索画面にキーワードを打ち込み、「タグ」をタップする。すると、それと関連するハッシュタグが、「そのハッシュタグが付けられた投稿数」といっしょに表示される。その中から、投稿数が多いハッシュタグを選べばよい。

もう1つは、人気タグを調べるツールを使う方法だ。「Webstagram」や「Top 100 HashTags on Instagram」など、投稿数の多いハッシュタグを無料でチェックできるWebツールがあるので、利用してみよう。

人気タグを見つける方法

・Instagram

Instagramでは、検索画面にキーワードを入力して、タグを調べることができる。ハッシュタグの下に表示されるのは、そのハッシュタグが付いた投稿の数だ

・Webツール

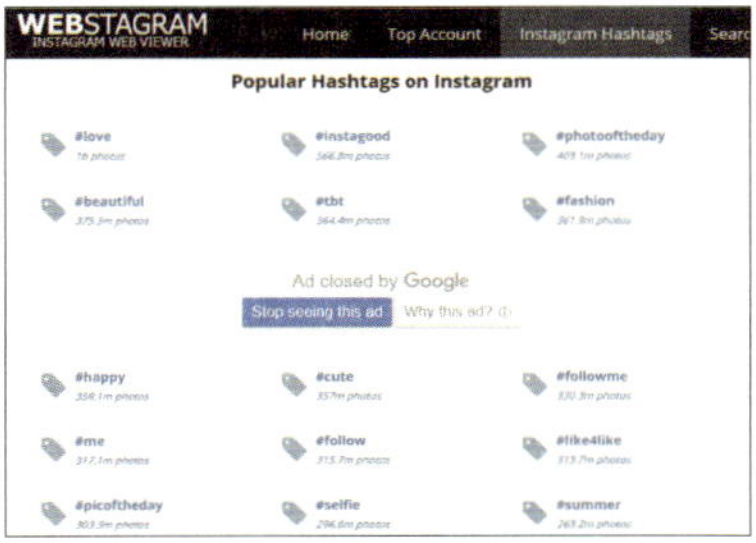

「Webstagram」(https://www.webstagram.one/instagram-hashtags)では、人気タグのランキングを見ることができる

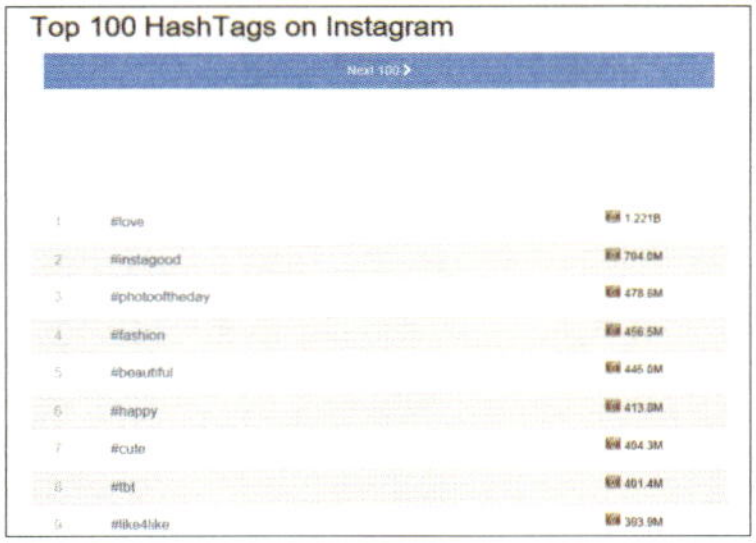

「Top 100 HashTags on Instagram」(https://top-hashtags.com/instagram/)でも、人気タグのランキングを見ることができる

オリジナルタグを付けて、ユーザーから見つかりやすくする

人気のハッシュタグは投稿数が多く、競合する投稿が多い。せっかく投稿しても、ほかの投稿に埋もれてしまえば、ユーザーから見つけてもらえないかもしれない。そこで、「**オリジナルのハッシュタグ**」（以下、オリジナルタグ）を作って、投稿に付けよう。

オリジナルタグを作れば、ユーザーがそのタグで検索したときに、自店に関連する投稿を多く表示させることができる。さらに、覚えやすいキーワードにすれば、ユーザーに浸透しやすくなるだろう。たとえば、大手旅行代理店のＨ．Ｉ．Ｓ．は、「旅する女子」を表現した「＃タビジョ」などのオリジナルタグを作成している。「オリジナルタグを付けた投稿に商品をプレゼントする」などのプレゼントキャンペーンを開催することで、そのタグの認知度のアップを図ることもできる。

オリジナルタグを作成したら、来店した人にもオリジナルタグを付けた投稿をするように促し、投稿の数を増やしていこう。店頭ポスターやメニュー、ショップカード、ＰＯＰ、チラシなどに、「Ｉｎｓｔａｇｒａｍで『＃○○』とタグ付けして投稿してください」などのように記載して、オリジナルタグを付けた投稿を呼びかけよう。

オリジナルタグでアピール

人気タグ

投稿数が多くユーザーに発見されづらい

オリジナルタグ

投稿数が少なくユーザーに発見されやすい

オリジナルタグを活用する

H.I.S.の公式アカウント「タビジョ」(@tabi_jyo)は、オリジナルタグ「#タビジョ」が付いたユーザーの投稿をピックアップし、毎日紹介している

ターゲット層のコミュニティに表示されるタグを付ける

Ｉｎｓｔａｇｒａｍで活用できるタグは、「人気タグ」と「オリジナルタグ」だけではない。「コミュニティタグ」と呼ばれるタグも使っていきたい。コミュニティタグとは、Ｉｎｓｔａｇｒａｍ内でコミュニティ化されている、独自のハッシュタグのことだ。

たとえば、「＃○○部」「＃○○が好きな人と繋がりたい」などがある。ユーザーはコミュニティタグを使って、知りたい情報を検索したり、魅力的な投稿を探したりしていることが多い。ほかにも、「共通した趣味のユーザーどうし」のコミュニティを形成するために、コミュニティタグを利用しているユーザーもいる。たとえば、「＃お弁当部」というタグを付けて投稿したユーザーは、そのコミュニティに入部できる。その上で、メンバーどうしで投稿に反応し合うのだ。

そこで、ターゲット層が投稿に付けているコミュニティタグを調べ、自店の投稿にマッチするものがあれば付けよう。これでターゲット層に直接投稿を宣伝できる。

コミュニティタグを探すには、Ｉｎｓｔａｇｒａｍアプリの検索機能や、ツールを使用しよう。代表的なツールの「ハシュレコ」では、入力したキーワードに関連するおすすめのタグを調べることができる。

コミュニティタグとは?

コミュニティタグとは、Instagram内でコミュニティ化されている独自のハッシュタグのこと

コミュニティタグの探し方

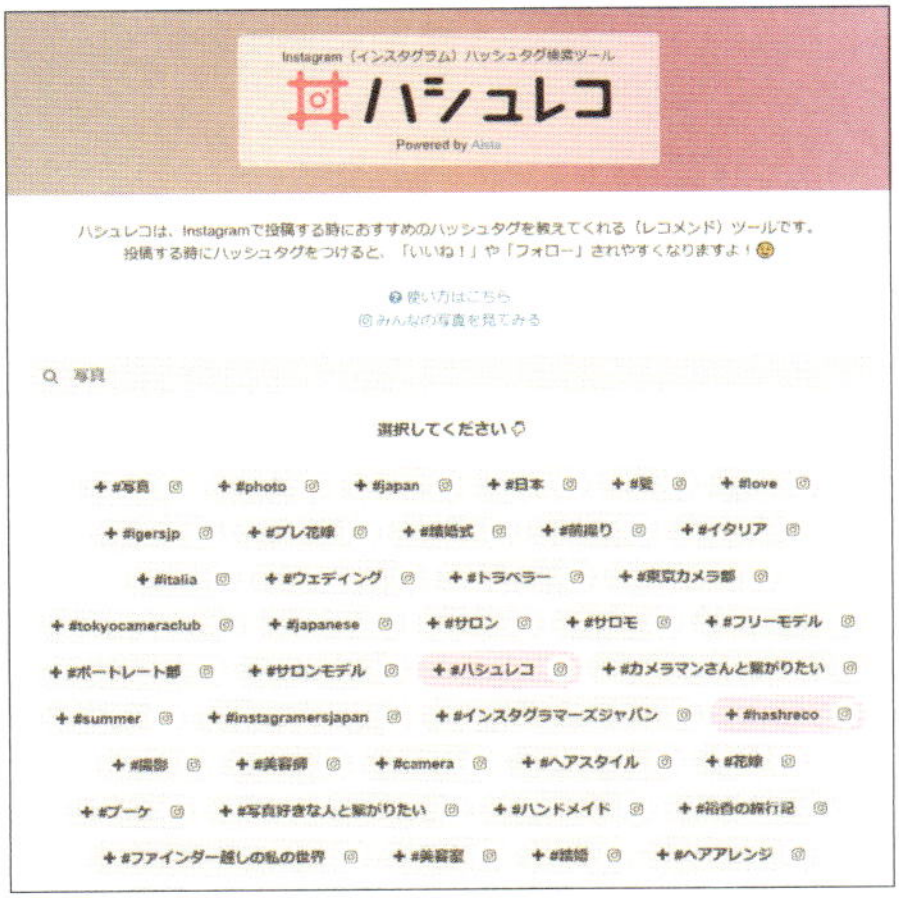

「ハシュレコ」（https://hashreco.ai-sta.com/）では、キーワードに関連したおすすめのタグを調べることができる

SECTION 18

ストーリーはキャンペーンやお知らせに有効活用する

Instagram

ストーリー機能を使って注目を集める

Instagramにおけるマーケティングでは、「ストーリー」機能も欠かせない。ストーリーとは、**24時間で自動削除される投稿**のことだ。ストーリーでは、写真や動画の投稿、ライブ動画配信などを行うことができる。投稿したストーリーは、通常のタイムラインとは別枠の「ストーリートレイ」と呼ばれるエリアに表示されるため、ユーザーからの注目度が高い。だからこそ、通常の投稿とあわせて、ぜひ活用したい機能だ。

ストーリーはさまざまな用途に活用することができる。たとえば、ストーリー上では、ユーザーのコメントや質問を受け付けることができるので、ユーザーとコミュニケーションを取りやすい。また、「ハイライト機能」を使えば、24時間を経過したあともストーリーが残される。ハイライト機能で残されたストーリーは、プロフィール画面に固定して表示させることができる。これを、常時表示させたいお知らせや案内などに使用することも可能だ。

「ストーリー」機能の特徴

24時間で自動削除

ユーザーからのコメントを受け付ける

ライブ配信

便利なストーリーの機能

ユーザーからのコメントを受け付ける

ハイライト機能でストーリーを残せる（「東道後のそらともり」（@h_soratomori）公式アカウント）

ストーリーは通常の投稿よりもたくさん更新する

ストーリーは気軽にどんどんアップしよう。ストーリーの投稿時間が新しければ新しいほど、ストーリートレイの左側に表示されるため、ユーザーの目に留まりやすい。

また、通常の投稿とは異なり、ストーリーはタイムライン上に場所を取らないので、頻繁な更新でもそれほどうっとうしくは感じない。ただ、投稿数を増やそうとするあまり、工夫のないストーリーばかりになれば、効果が半減してしまう。ストーリーにはスキップ機能があるため、おもしろくないストーリーはユーザーに読み飛ばされてしまう。「文字」や「スタンプ」を多用して、ユーザーを視覚的に楽しませる投稿を行おう。

ストーリーは、新商品をまとめて紹介したり、店舗までの道のりを紹介したりするなど、**さまざまな案内・お知らせとして使うこともできる**。

また、ストーリーの投票機能や質問機能を使うのも手だ。投票機能とは、投稿者が問いかけた内容に対して、ユーザーが「はい」か「いいえ」などの2択のボタンで回答できる機能である。こうした機能を使えば、ユーザーに主体的な参加を促すことができるため、読み飛ばされる可能性が低くなるだろう。

ストーリーは頻繁にアップする

新規ストーリーの投稿は、タイムライン上部の「ストーリーズ」をタップする。投稿したストーリーは、更新順に左から表示される

読み飛ばされない工夫をする

文字・スタンプを使う（「東道後のそらともり」（@h_soratomori）公式アカウント）

投票・質問機能を使う

24時間キャンペーンなどにストーリーを活用する

ストーリーの特徴である「24時間で消える」ことを活かして、「**24時間限定のキャンペーン**」を実施するのも効果が高い。キャンペーンやプレゼントキャンペーンを行えば、フォロワーの注目度も上がるはずだ。

このとき、Ｉｎｓｔａｇｒａｍ外でキャンペーンの告知を行えば、新しいユーザーを獲得できる可能性がある。たとえば、キャンペーン前に、ＴｗｉｔｔｅｒやＦａｃｅｂｏｏｋなどで「Ｉｎｓｔａｇｒａｍで、24時間限定でお得なクーポンを配信します」と予告しよう。Ｉｎｓｔａｇｒａｍは拡散力が低いので、ほかの媒体を利用して告知を行い、多くのユーザーの目に触れる機会を作りたい。

なお、「認証バッジがある」「ビジネスプロフィールで、1万フォロワーを越える」などの一定条件を満たしたアカウントは、ストーリー（ハイライト）に外部リンクを付けられるので、こちらもぜひ活用したい。「詳細はこちら」などと外部リンクに誘導する投稿を行えば、ユーザーを自店のホームページなどに誘導できるようになるのだ。

24時間で消えるしくみを活かす

フォロワーからの注目や、新規フォロワーの獲得のため、24時間限定のキャンペーンを実施する。キャンペーンの告知は、Instagramだけでなく、ほかの媒体でも行うと効果的だ

SECTION 19

Instagram

来店客に投稿してもらって口コミ効果を狙う

来店したユーザーの投稿で情報を拡散させる

多くのＩｎｓｔａｇｒａｍユーザーは、企業の投稿よりも、友達や知人の投稿に興味や信頼感を抱く傾向がある。そこで、実際に来店したユーザーや、商品を買ったユーザーに、自店にまつわる投稿をしてもらえるしくみをつくろう。これには、**プレゼントキャンペーンの実施**が効果的だ。

たとえばキャンペーンの条件は、「来店時にユーザーが撮影した写真を、指定したハッシュタグ付きでＩｎｓｔａｇｒａｍに投稿する」、というような条件がよいだろう。ユーザーの負担も少なく、気軽に参加できる。また、店舗や商品の写真が拡散されるので、その写真を見た別のユーザーに来店を促す効果も高い。

キャンペーンの詳細が決まったら、Ｉｎｓｔａｇｒａｍや、そのほかのＳＮＳやホームページ、実店舗で、積極的にキャンペーンを告知して参加者を募ろう。

キャンペーンを行うメリット

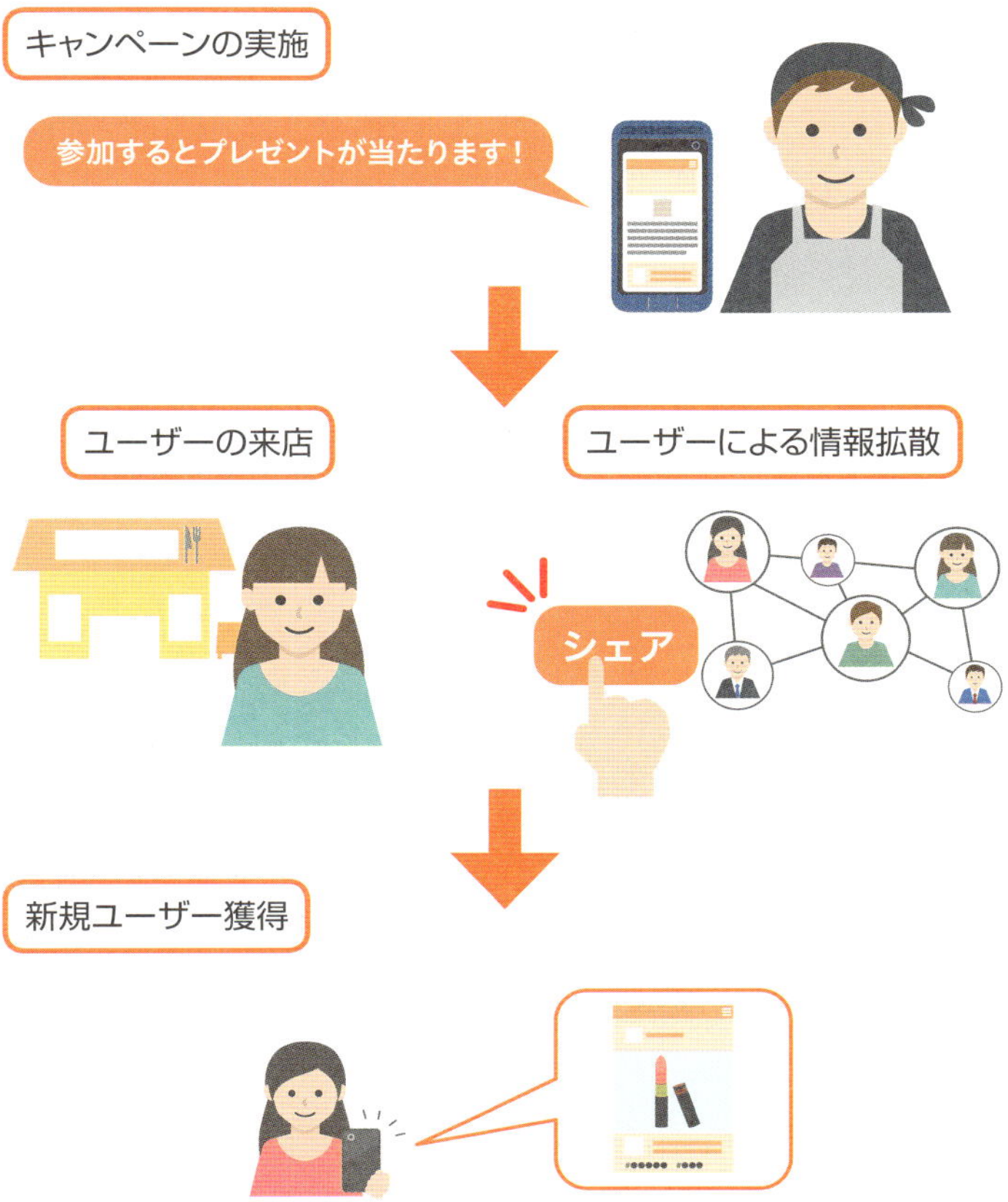

プレゼントキャンペーンを行うことで、実店舗への来店や情報拡散をユーザーに促すことができる

ハッシュタグを付けて応募してもらう

Ｉｎｓｔａｇｒａｍでキャンペーンを行うには、まず、キャンペーン参加条件を指定する必要がある。条件が「ユーザーが撮影した写真を投稿すること」のみでは、キャンペーン参加者かどうかの判断が付かない。そこで、参加条件として、「アカウントをフォローすること」、「指定したハッシュタグを付けて投稿すること」を指定しておきたい。こうすれば、**アカウントのフォロワー、指定したハッシュタグでの投稿が増える**というメリットも見込める。

このとき、指定するハッシュタグは、どのようなものにすればよいのだろうか。まずは、「わかりやすいハッシュタグ」にして、ユーザーが入力しやすく拡散されやすいようにする。ただし指定するハッシュタグが1つだけの場合、プレゼント当選者を選ぶときに、関係のない投稿が混ざる可能性がある。そのような状況を避けるため、ハッシュタグは、オリジナルタグを含めるなど2つ以上指定しておくとよいだろう。

ハッシュタグを使ったInstagramキャンペーン

企業のアカウントをフォローしてもらう

指定した複数のハッシュタグを付けて投稿してもらう

ハッシュタグを使ったキャンペーン例

「渋谷不動産エージェント」(@chofu_shibuya) のフォトコンテスト。応募規約と応募条件(アカウントのフォロー、ハッシュタグ2つを付けた投稿)を準備している

SECTION 20

Instagramインサイトで投稿を分析する

Instagram

Instagramインサイトで、投稿やストーリーを分析する

Instagramにおける投稿やストーリーの効果を分析したいときは、「インサイト」を使おう。インサイトとは、Instagramが公式で提供している無料で使える分析ツールのことだ。アカウント全体のインサイトを確認したいときは、メニューの「インサイト」をタップする。各投稿ごとのインサイトは、各投稿の「インサイトを見る」ボタンから確認しよう。

インサイトを使えば、それぞれの投稿やストーリーごとに、**フォロワーの年齢や男女比、性別などのデータを確認できるようになる**。また、投稿内容に対して、どの時間帯にアクションが起こりやすいかを分析することも可能だ。インサイトを使って、たくさんの反応があった投稿を分析し、エンゲージメント（企業とユーザー間のつながりの強さ）を強めるためのヒントを見つけていこう。ただし、一定の条件を満たさないと閲覧できない項目もある。なお、インサイトはパソコンから閲覧できないので注意しよう。

インサイトでわかること

- 各投稿の「いいね！」数
- 各投稿のインプレッション数
- フォロワー数の推移
- フォロワーの属性

より多くのユーザーに投稿を見てもらうには、インサイトを利用した投稿の分析が欠かせない

インサイトの確認方法

アカウントのインサイト

メニューの「インサイト」をタップする

各投稿のインサイト

写真左下の「インサイトを見る」をタップする

ユーザーの反応を分析して今後の投稿に活かす

ここでは、アカウントのインサイト、各投稿でのインサイトの見方を説明する。

アカウント全体のインサイトでは、何を見るべきだろうか。まず、アカウントのインサイトでは、「コンテンツ」「アクティビティ」「オーディエンス」という３つの画面を表示できる。「コンテンツ」では、すべての投稿やストーリーのインサイトの概要を確認できる。「アクティビティ」では、プロフィールへのアクセス数やアクション数などを確認可能だ。「オーディエンス」では、フォロワーの年齢や性別、居住地などがわかる。この中でとくに確認しておきたいのが、**「コンテンツ」の「フィード投稿」**だ。フィード投稿では、閲覧回数順に投稿が表示されるので、一目で人気の投稿がわかる。また、「オーディエンス」は、フォロワーが１００人以上にならないと閲覧できないが、フォロワーの属性がわかるので必ず確認しておきたい。属性を知って、フォロワーがアクションを起こすような投稿を追究しよう。

また、各投稿でのインサイトでは、その投稿の「いいね！」数や、投稿からプロフィールへのアクセス数、リーチ数（投稿を見たアカウント数）、インプレッション数（投稿が表示された回数）などを確認できる。

アカウントのインサイトで見るべきところ

アカウントのインサイトでは、「コンテンツ」「アクティビティ」「オーディエンス」の３つを確認できる。とくに「オーディエンス」は、フォロワーが100人以上に達しないと閲覧できないが、ユーザーの属性分析のためにぜひ確認したい

各投稿のインサイト

各投稿の数値、ユーザーが取った行動を確認することができる

COLUMN

Instagram広告のしくみはFacebook広告と同じ

Instagramのタイムラインを眺めていると、フォローしていないアカウントによる投稿が流れてくることがある。それが「Instagram広告」だ。ビジネスアカウントでは、投稿写真の下に表示される「宣伝」をタップすることで、投稿を宣伝として用いることができる。

Instagram広告のしくみは、基本的にFacebook広告（68ページ参照）と同じだ。ターゲティングの精度が高いので、効率よくターゲットユーザーに広告を発信できる。

4章

Twitterマーケティング

SECTION 21

情報を拡散させるならベストなＴｗｉｔｔｅｒ

Twitter

リツイートを狙い情報を拡散する

Ｔｗｉｔｔｅｒの最大の特徴は、高い情報拡散力を活用して集客できることだ。では、Ｔｗｉｔｔｅｒで情報が拡散されるしくみを確認しよう。

ユーザーが、自社アカウントの投稿（ツイート）を「リツイート」機能でシェアすると、自社の投稿は「そのユーザーのフォロワーのタイムライン」上に掲載される。つまり、リツイートをされるような投稿をすれば、どんどん情報が拡散されていくのだ。

まずは、毎日欠かさず投稿を行いつつ、**自社に興味を持ってくれそうな人を積極的にフォローする**ことからはじめよう。フォローするとユーザーに通知されるので、自社の存在を認知してもらうことができる。

投稿は狙ってバズらせる（多くのユーザーから注目が集まり、情報が急速に拡散されていく状態になること）ことはできない。ちょっとした投稿が炎上に発展する可能性もあるので、慎重な姿勢を忘れず、地道に質のよいフォロワーを増やしていきたい。

リツイートで情報が拡散される

Twitterで集客する流れ

SECTION 22

自社に興味を持ちそうな人は積極的にフォローする

Twitter

ターゲットユーザーを探してフォローする

まず、自社の投稿を見たり、拡散したりしてくれるユーザーを増やすため、自社アカウントのフォロワーを増やす必要がある。

そこで、自社に興味を持ちそうな人を探して、こちらからフォローしていこう。そのためには「エゴサーチ」を行う。エゴサーチとは、自社の企業名やサービス名などで検索して、インターネット上での自社の評価を確認する行為のことだ。自社をプラス評価するツイートをしている人や、自社を話題に出していたり、自社の商品が気になっていたりする人がいれば、積極的にフォローやリツイートしよう。また、自社に関連する話題について言及している人も、自社に興味を持ってくれる可能性がある。ユーザーが「興味のあるアカウントだ」と判断すれば、フォローし返してもらえるはずだ。

また、エゴサーチをすれば、一般ユーザーが企業やサービスに対して感じていることを、生の声として確認することもできる。

フォローしてくれるのは自社に興味のある人だけ

フォローしてもフォロー返ししてくれるとは限らない

ユーザーに興味を持たれる内容を投稿しないとフォローしてもらえない

エゴサーチで自社に興味がある人を探す

企業名や自社のサービス名などでエゴサーチする。自社のことを話題にしている人や自社に関連する話題に触れている人を積極的にフォローする

SECTION 23

毎日欠かさず3～4回投稿して認知度を上げる

Twitter

1日に数回投稿することで、閲覧数を増やす

フォロワーを増やすことができたら、自社アカウントの認知度をより高めていこう。そのためには、ユーザーにツイートを見てもらえるような頻度で投稿していきたい。

Ｔｗｉｔｔｅｒの特長は、１４０（半角英数時の場合、２８０）文字で気軽に投稿できることだ。気軽に投稿できるからこそ、毎分、毎秒単位で世界中のＴｗｉｔｔｅｒユーザーがツイートをしている。つまり、ユーザーのタイムラインには、常に膨大な数のツイートが流れているのだ。たまにツイートするだけでは、ほかの人のツイートに埋もれてしまって、ユーザーに見てもらえない。

そこで、ツイートがユーザーの目に留まりやすくなるように、**毎日欠かさずツイートしよう**。目安として、1日3～4回は投稿してよいだろう。タイムライン上の流れが速いＴｗｉｔｔｅｒでは、1日に数回ツイートしてもユーザーにストレスを与えづらい。この特性を利用して、お知らせや近況報告などをどんどん投稿していこう。

膨大な数のツイートに埋もれがち

Twitterはツイートの数が非常に多く、
タイムラインの流れも速い。
そのため、頻繁にツイートを行い、
ツイートが埋もれないようにする

毎日投稿してユーザーの目に留める

【ツイート】
おはようございます！
【ツイート】
今日は暖かいですね
【ツイート】
明日から新商品の
発売です！

1日に3～4回ツイートして、
ユーザーの目に留まるようにする

画像を付けてタイムラインのなかで目立たせる

大量の投稿がされるＴｗｉｔｔｅｒでは、その中で「いかに目立つ投稿ができるか」ということがポイントになる。画像を付けたツイートは、視覚的に訴えかけることができるので、ユーザーの視線を捉えやすい。同様に、動画も効果的である。

Ｔｗｉｔｔｅｒアプリでアップロード可能な画像は、サイズが６００×３３５ピクセル以上、容量３ＭＢ以下で、ＪＰＥＧ、ＰＮＧ、ＧＩＦ形式のものだ。画像の比率は16：９にすると、サムネイルでもきれいに表示される。動画の場合、最長2分20秒を投稿可能だ。最大容量は５１２ＭＢ、ファイル形式はＭＰ４、ＭＯＶ形式に対応している。

画像や動画の内容は、どのようなものにすればよいだろうか。まず、「自社の商品やサービスの使い方」を紹介した画像を投稿しよう。ユーザーが商品の使用感をイメージしやすくなり、購買意欲を刺激できる。このほか、ユーザーに「なるほど」と思わせるような、自社が持つ専門的知識を発信すると、企業イメージがアップする。また、**ユーザーにとって有益か、周囲に広めたいものか**、ということを考えて投稿すると、ユーザーからリツイートされやすい。たとえば、きれいな風景や役に立つ知識をまとめた画像などは、ユーザーに「自分のフォロワーにも見せたい」と思わせるので、リツイートされやすいだろう。

画像の推奨サイズ

容量	画像形式	推奨サイズ
		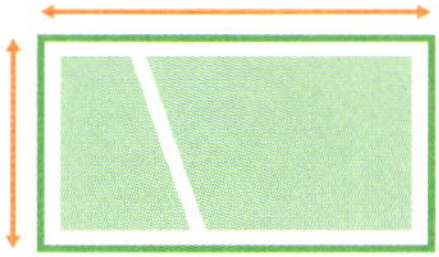
3MB以下	JPEG PNG GIF	横：縦=16：9

投稿の例

旅をテーマにした雑貨店「旅屋」(@tabiya_cafe) では、商品の使用感をイメージできる画像を投稿

標識や銘板などを手掛ける「株式会社石井マーク」(@ishiimark_sign) は、企業の専門知識を投稿

SECTION 24

エゴサーチして口コミツイートをリツイートする

Twitter

「口コミ」を自社アカウントで拡散していく

Ｔｗｉｔｔｅｒ上のマーケティングでは、消費者の口コミを活用して自社をアピールしよう。具体的な方法としては、ユーザーが投稿した「自社商品やサービスに関する好意的なツイート」をエゴサーチ（１０８ページ参照）で見つけ、それを自社アカウントでリツイートする。

ユーザーは、企業が自社の商品をほめるツイートよりも、**実際に商品を使った消費者のツイートのほうを信用しやすい**。とくに、その消費者が身近な人間や有名人であればあるほど、ユーザーはツイートの内容を信じる傾向にある。つまり、消費者による好意的なツイートをリツイートすることで、ユーザーに信用される情報を拡散させることができるのだ。ユーザーに消費者の生の声を届けることで、自社のよさを知ってもらおう。

そのために、来店したユーザーや商品を購入したユーザーに、感想をツイートするように呼びかけてもよいだろう。

口コミはユーザーからの信用度が高い

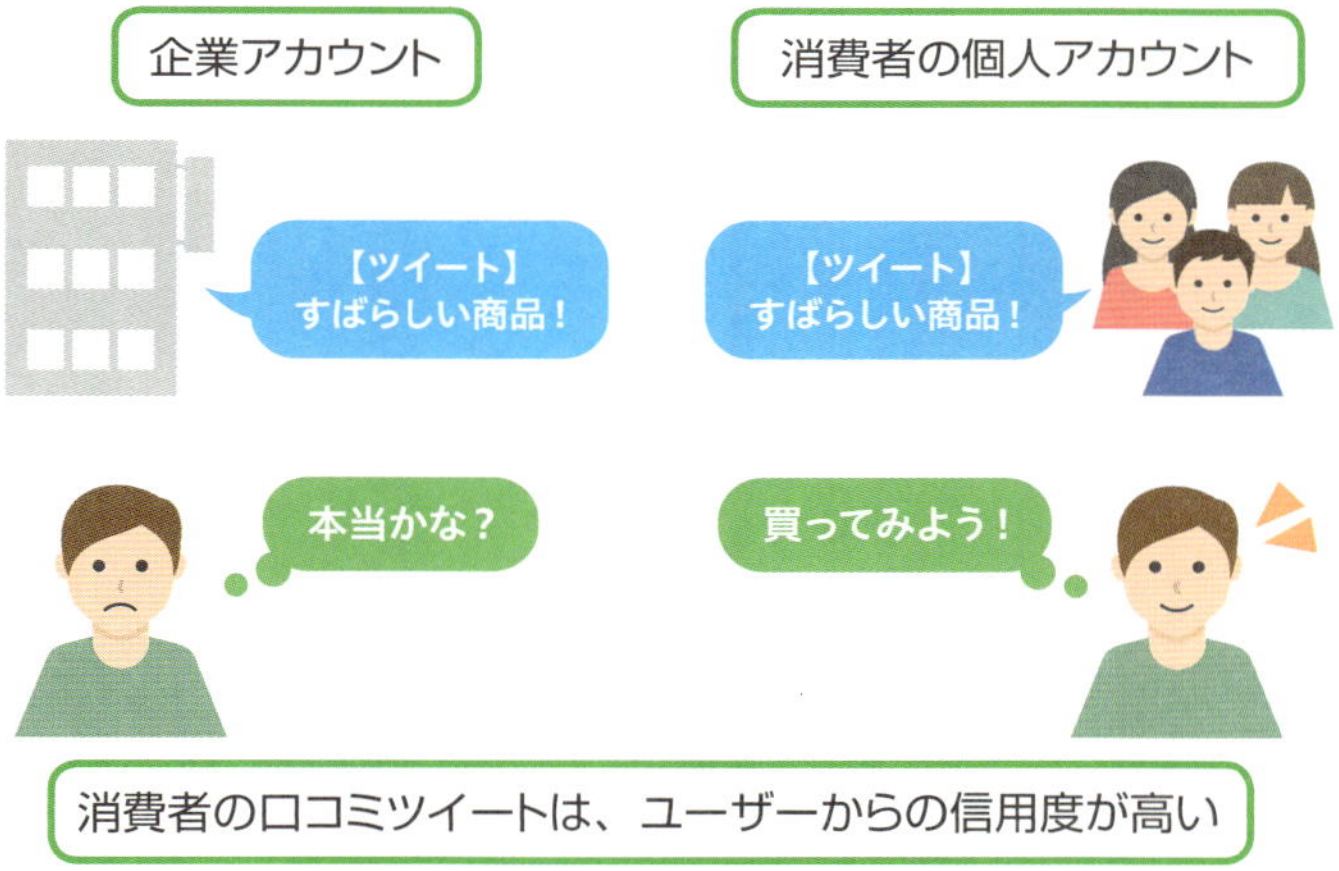

口コミツイートをリツイートする

「手紙社」(28ページ参照)は、主催するイベントの口コミツイートを積極的にリツイートしている

リツイートで交流のきっかけをつくろう

リツイートは、ユーザーと交流するきっかけにもなる。たとえば、ユーザーにリプライ(返信)をもらった企業アカウントが、リツイートしたりリプライしたりしながら、ユーザーと会話する。そうすれば、自社アカウントをフォローしているユーザーたちが、会話に参加したくなるかもしれない。また、盛り上がっている会話をリツイートして、拡散させてくれる可能性がある。なお、引用リツイートをすれば、リツイートした投稿にコメントを付けることができるので、リツイートとリプライを同時に行うことが可能だ。

また、リツイートを使えば、自社商品を使ってくれたり、来店してくれたりした消費者との関係を密にすることもできる。たとえば、ネイルサロンのオーナーであれば、「◯◯サロン」と自店の名前で検索して、来店してくれた顧客のツイートを探す。それをリツイートすることで、リツイートされた顧客に意識されやすくなるだろう。さらに、自社アカウントをフォローしているユーザーが、そのリツイートされた内容を見て、「こういうメニューもあるんだ」などと具体的な使用イメージを持つことができる。

リツイートでツイートを盛り上げる

リツイートしながら返信して
その投稿を盛り上げる

盛り上がっているツイートには
ユーザーが集まる

リツイートで消費者との関係を密にする

味噌のたまり漬けを販売する「上澤梅太郎商店」(@Uwasawa)は、消費者のツイートを引用リツイートして、コメントを送っている

SECTION 25

Twitter

「中の人」のキャラクターを活かして注目を集める

うまく「中の人」を演じることができれば人気が出る

企業アカウントを更新している人、いわゆる「中の人」のキャラクターを活かして話題になることもできる。企業アカウントのなかには、自社の情報発信だけするのではなく、ユーザーに親しみを持ってもらえることを狙って、「中の人」個人の近況をツイートしたりコメントやリツイートをし合ったりして、ユーザーと積極的にコミュニケーションを取っているアカウントもある。

「中の人」を前面に押してアカウントを運用する場合、まずはそのキャラクターを決める。たとえば、自社の公式キャラクターがいるのであれば、そのキャラクターになりきってもよい。また、「毎朝必ず投稿する」「おしゃべりと情報発信のバランスを意識する」など投稿の方針を決め、ブレがないようにすることも大切だ。ただ、「中の人」の不用意な一言が炎上を招くこともある。ツイートを見る側の気持ちになって発信することを心がけよう。

「中の人」で人気を生む

「中の人」というキャラクターを作り、近況をツイートしたり、ユーザーとコミュニケーションを取ったりすることで、ユーザーとの親密度がアップする

「中の人」になるための注意事項

キャラクターや投稿の方針を決めてぶれない投稿をする

不用意な一言が炎上を招くことがあるので要注意

SECTION 26

トレンドの話題にはハッシュタグで乗っかる

Twitter

ユーザーと盛り上がれるハッシュタグを探す

気軽にそのときの気分や情報をつぶやけるＴｗｉｔｔｅｒでは、リアルタイムの情報で、ユーザーといっしょに盛り上がれる。しかも、旬の話題はリツイートされやすいので、広範囲のユーザーに自社アカウントのツイートを届けられる可能性もある。そのため、「**トレンドになっているハッシュタグ**」を検索しよう。トレンドのハッシュタグは「おすすめトレンド」と呼ばれる、Ｔｗｉｔｔｅｒの検索機能で確認できる。ここを確認することで、リアルタイムで人気のあるハッシュタグ投稿や、キーワードをチェックできるのだ。とくに、放送中のテレビ番組や、注目のニュース、ネットの流行がトレンドに反映されやすい。

このおすすめトレンドは、パソコンの場合は左側に、スマートフォンでは虫眼鏡マークをタップすれば表示される。この中に、自社の話題と関連付けられるハッシュタグがあれば、積極的に活用しよう。

人気のあるハッシュタグで盛り上がる

リアルタイムの情報で
ユーザーといっしょに盛り上がる

トレンドの投稿は
リツイートされやすい

「おすすめトレンド」を確認する方法

パソコン

スマートフォン

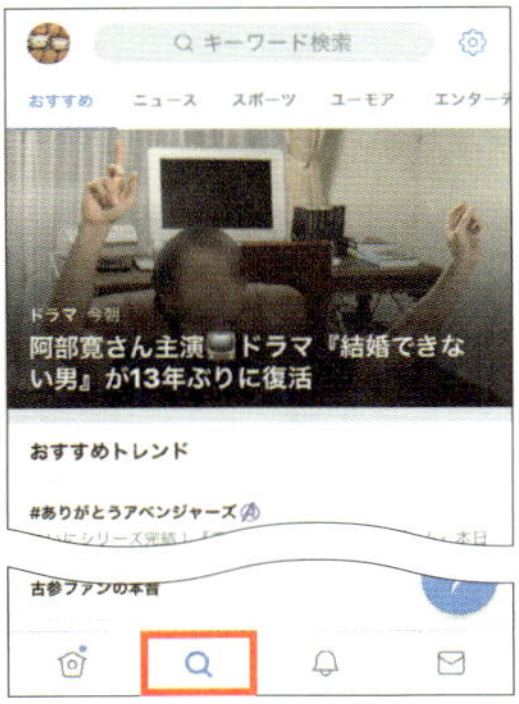

トレンドのハッシュタグをうまく使えば、ユーザーに注目される

トレンドのハッシュタグを発見したら、それを自社とうまく絡めながらツイートしよう。トレンドのハッシュタグは、多くの人が検索するので、ユーザーに注目されやすくなる。たとえば、トレンドのハッシュタグを付けて、共感される内容やおもしろい内容でツイートしよう。それを見たユーザーが興味を持って、リツイートしてくれるかもしれない。

ただ、このとき注意したいのが、**闇雲にトレンドのハッシュタグを利用しない**ことだ。Ｔｗｉｔｔｅｒユーザーの中には、「投稿にセンスがあるかどうか」を判断している人が少なくない。ユーザーは、自然体の投稿を好むので、受けをねらい過ぎないように気を付けたい。「注目を集めたい」「トレンドに乗ってバズりたい」という意図が投稿に見えてしまうと、ユーザーは冷めてしまう。投稿とまったく関係のないハッシュタグを付けたり、ハッシュタグを多用したりするのは避けよう。また、最悪の場合、ハッシュタグをいくつも付ければ、スパム投稿（迷惑な書き込み）だと思われて炎上につながる可能性がある。よって、炎上しないためにも、1つのツイートに2個までのハッシュタグが理想的だ。

トレンドのハッシュタグを投稿に活用する

トレンドのハッシュタグを自社とうまく絡めながらツイートする

共感される内容や面白い内容でリツイートを狙う

トレンドのハッシュタグを利用するときの注意点

闇雲にハッシュタグを付ければ炎上する可能性がある

慎重に選んだキーワードを1～2個付けて投稿する

SECTION 27

エンゲージメントを確認して投稿を分析する

Twitter

ツイートへの反応を確認する

自社アカウントでツイートを投稿したら、Ｔｗｉｔｔｅｒにある「Ｔｗｉｔｔｅｒアナリティクス」を使って、「エンゲージメント」を確認しよう。エンゲージメントとは、自分のツイートにどれだけの反応があったかを測る指標だ。これを確認することで、ツイートに対するクリックやリツイート、返信、フォロー、いいねの数を確認できる。

Ｔｗｉｔｔｅｒアナリティクスは、Ｔｗｉｔｔｅｒのアカウントがあれば、誰でも利用できる。ただし、パソコンで表示されることを想定した画面になっており、スマートフォンでは簡易版しか確認できないので注意しよう。確認するには、まずパソコンのＴｗｉｔｔｅｒの画面上で、アカウントのアイコンをクリックする。そのとき、表示されるメニューの中にある「アナリティクス」をクリックする。そうすれば、「アカウントホーム」「ツイートアクティビティ」「オーディエンス」などのタブに分かれた画面に遷移して、各種エンゲージメントを確認できる。

Twitterアナリティクスで確認できること

- クリック数
- リツイート数
- 返信数
- フォロー数
- いいね数

より多くのユーザーに投稿を見てもらうには、Twitterアナリティクスを利用したエンゲージメントの分析が欠かせない

Twitterアナリティクスの確認方法

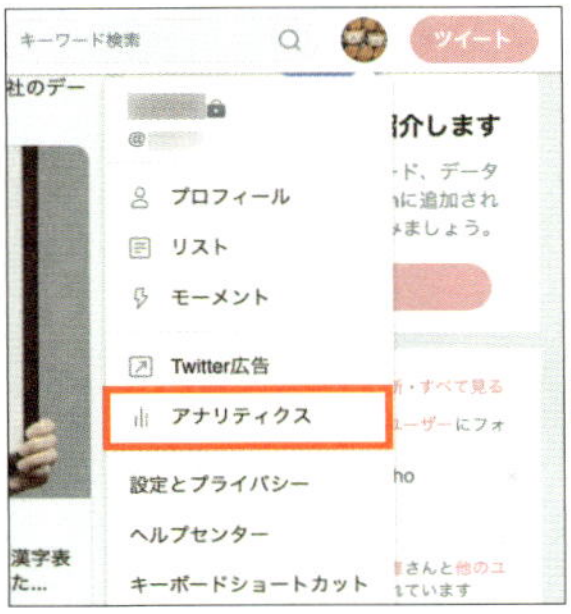

パソコンで、
アカウントのアイコン、
「アナリティクス」をクリック

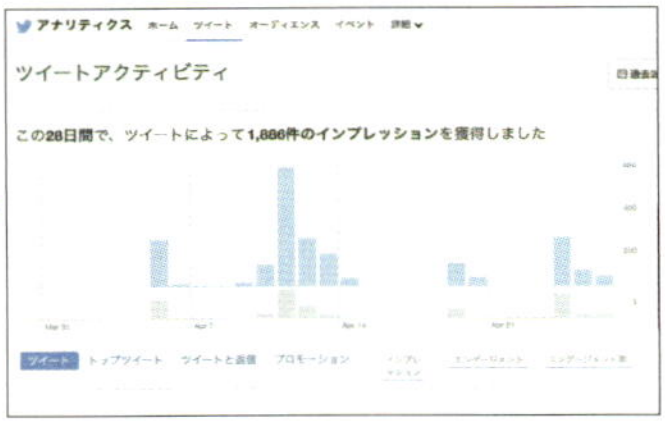

各種エンゲージメントを
確認できる画面に遷移する

エンゲージメントを確認すれば、ツイートの改善点が見えてくる

Ｔｗｉｔｔｅｒアナリティクスで、確認すべきポイントを押さえていこう。まずは、「ツイート」タブをクリックして「エンゲージメント率」を確認しよう。エンゲージメント率が高いツイートほど、反応がよかったことを意味する。そのため、エンゲージメント率を確認することで、どのような傾向のあるツイートであれば、反応がよいかを把握できる。次に、「オーディエンス」タブをクリックして、ユーザーの興味関心を確認しよう。これを確認すれば、フォロワーの興味関心が高いジャンルを知ることができる。つづいて、「イベント」タブをクリックしてみよう。ここでは、Ｔｗｉｔｔｅｒ上で話題になる（と予想される）イベントを確認できる。瞬間的に盛り上がるＴｗｉｔｔｅｒのタイムラインの流れに乗り遅れないために、話題になりそうなイベントを把握することが重要だ。

このようなデータを活用して、投稿を改善していく。たとえば「エンゲージメント率が低いツイート」があったら、エンゲージメント率が高い投稿には、どのような傾向があるのかを把握する。たとえばその結果、動画を付けたツイートのエンゲージメント率が高いとわかったら、文字だけのツイートよりも動画を付けたツイートを増やそう。

各種エンゲージメントを確認する

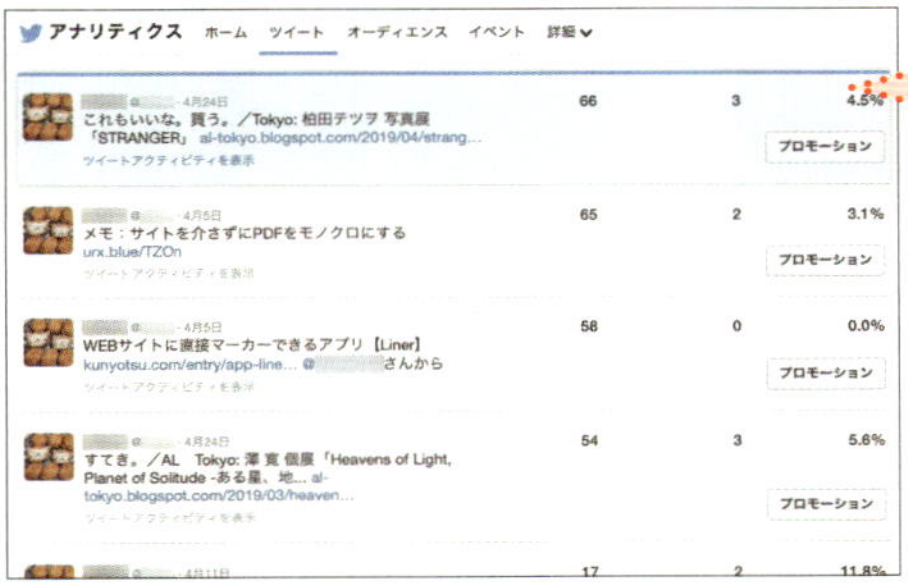

「ツイート」タブでエンゲージメント率を確認

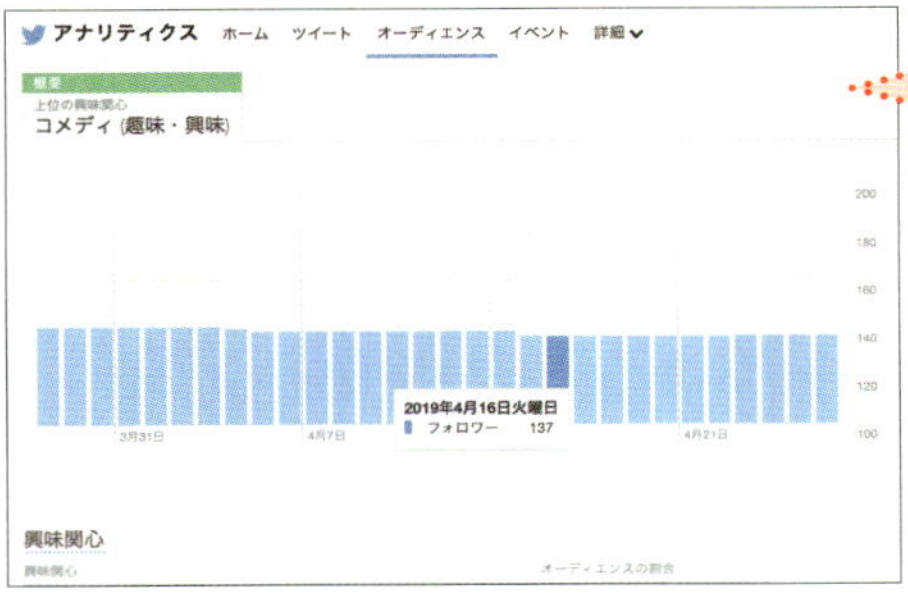

「オーディエンス」タブで興味関心を確認

「イベント」タブで話題になりそうなことを確認

外部ツールを利用して、かんたんに分析する

自社アカウントの分析に便利なＴｗｉｔｔｅｒアナリティクスだが、外部サービスにも便利なツールが存在する。

その1つが「ｗｈｏｔｗｉ（フーツイ）」だ。ｗｈｏｔｗｉでは、グラフィカルな画面で、わかりやすく競合調査を行うことができる。使い方はかんたんで、トップ画面上部にＴｗｉｔｔｅｒアカウントのＩＤを入れれば、Ｔｗｉｔｔｅｒを分析できるようになっている。認証なども必要ないため、他社のアカウントＩＤを入力するだけで競合分析を行うことができるのだ。

また、Ｔｗｉｔｔｅｒを分析して、社内外にレポート提出する必要があるときは「Ｓｏｃｉａｌ Ｉｎｓｉｇｈｔ」が便利だろう。これは企業向けに開発された分析ツールである。検索窓に、自社の社名やサービスなどの検索キーワードを入力すると、「Ｔｗｉｔｔｅｒに投稿された発言数の推移」や「発言者の性別」などをグラフで確認できる。なお、利用にはユーザー登録（無料）を行う必要がある。

「whotwi（フーツイ）」

●whotwi（フーツイ）：http://whotwi.com/

TwitterアカウントのIDを入れるだけで、かんたんに競合調査ができる。他社がどのようにTwitterを運用しているのか確認できる。Twitter運用が上手な企業アカウントがあれば、調べてみよう

「Social Insight」

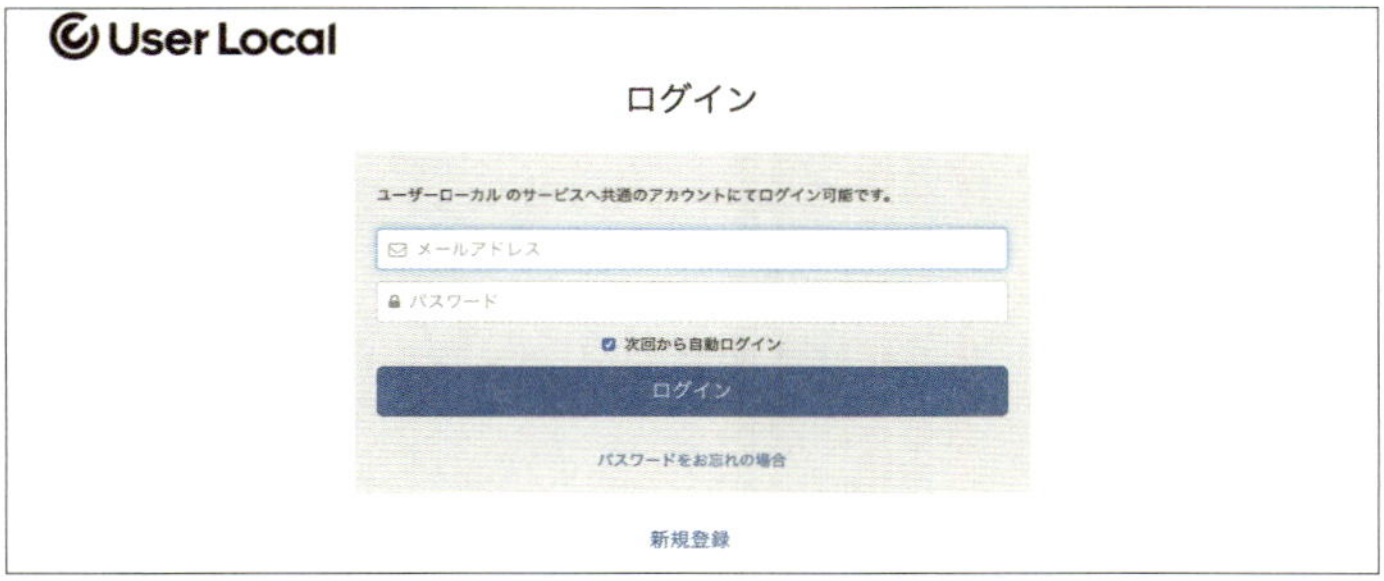

●Social Insight：http://social.userlocal.jp/

ソーシャルメディア運用を複数人で行うときに便利な機能が盛り込まれているので、社内外のレポート提出時に便利。検索窓に調べたいワードを入力すれば、「Twitterに投稿された発言数の推移」や「発言者の性別」などをグラフで確認可能

COLUMN

Twitter広告に効果はあるか

幅広い世代に利用されるTwitterのなかでも、もっともよく利用しているのは10～20代の若年層である。そのため、若年層にアプローチしたいとき、Twitterのタイムラインなどに表示される「Twitter広告」を利用すれば、効果が高い。しかも、リツイートされる広告を作れば、多くのTwitterユーザーに投稿が届くだろう。

また、Twitter広告は「エンゲージメント課金」という成果報酬型の課金方式だ。これは、広告を表示しただけでは課金されず、ユーザーが「返信する」「リツイートする」などのアクションを起こしたときに課金が発生するしくみである。また、リツイートされた広告がさらにリツイートされたときは課金されないので、それを利用すれば広告費を抑えられるメリットがあるのだ。

Twitter広告は、ユーザーが「興味がある」「おもしろい」と感じるような内容であれば、効果的な宣伝となるだろう。ただし、そうでない場合は、ユーザーから煙たがられてしまったり、ブロックされたりするので、投稿の内容には工夫が必要だろう。

**若年層に
アプローチできる**

**リツイートされた広告は
広く拡散する**

5章

そのほかのSNSマーケティング

SECTION 28

まだある！ 集客・販促に使えるSNS

＋α

ＬＩＮＥ公式アカウントは０円からマーケティングに利用可能

マーケティングに使えるＳＮＳはＦａｃｅｂｏｏｋ、Ｉｎｓｔａｇｒａｍ、Ｔｗｉｔｔｅｒだけではない。幅広い年代に利用されており、今やインフラ同然になったＬＩＮＥを使うことも可能だ。

ＬＩＮＥをマーケティングに使うときは、「**ＬＩＮＥ公式アカウント**」を利用する。ＬＩＮＥ公式アカウントとは、企業や店舗のＬＩＮＥアカウントを開設できる、法人向けサービスのことである。タイムラインへの投稿やメッセージ配信などの機能を利用できる。個人と企業が直接コミュニケーションを取れることが最大の魅力だ。クーポンやポイントカードを発行する機能もあるので、とくに、実店舗を持つ企業やお店に最適なマーケティングツールといえる（詳細は１３６ページ以降を参照）。

ＬＩＮＥ公式アカウントには、「フリープラン」「ライトプラン」「スタンダードプラン」という３つのプランがあり、フリープランは月額料金０円で利用できる。

そのほかのマーケティング　LINE

LINEは、幅広い年齢層のユーザーに利用されている。個人と直接やり取りすることができる

LINE公式アカウントとは?

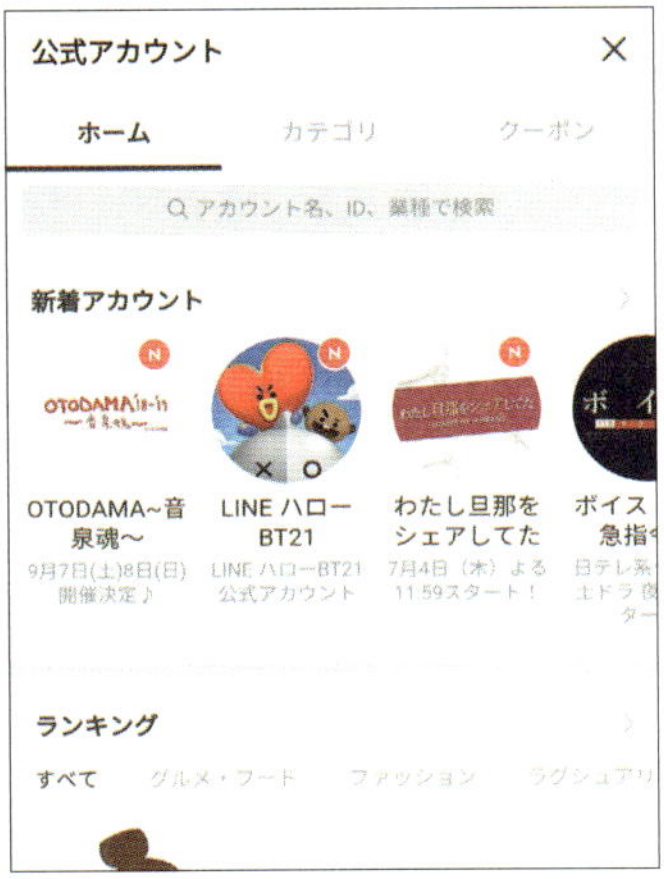

企業や店舗のLINEアカウントを開設できる法人向けサービス

タイムラインへの投稿やメッセージ配信などの機能を無料で利用可能

動画でわかりやすく訴求できるYouTubeマーケティング

ＳＮＳにおいて、とくにユーザーが好むコンテンツが動画だ。そこで、世界最大の動画共有サービスであるYouTubeとＳＮＳを組み合わせることで、より強力なマーケティングツールにしていこう。

ＹｏｕＴｕｂｅをマーケティングに利用するメリットは大きく２つある。１つ目は、テキストや画像ではわかりにくい内容でも、動画を使ってユーザーにわかりやすくアプローチできることだ。また、動画は、写真やテキストでは伝えられない雰囲気を伝える効果もある。

２つ目は、集客の入り口として活用できることだ。ＹｏｕＴｕｂｅで投稿した動画には、説明文を付け足せる「キャプション」機能がある。そこに、自社サイトのＵＲＬを記載することで、ユーザーを自社サイトに呼び込みやすくなる。

こうしたＹｏｕＴｕｂｅのメリットを活かして効果的なマーケティングを行うには、ほかのＳＮＳと併用することがおすすめだ。ＦａｃｅｂｏｏｋやＴｗｉｔｔｅｒなどのＳＮＳと連携すれば、ほかのＳＮＳを利用しているユーザーにも広くリーチできるのだ。ＹｏｕＴｕｂｅについては、１４６ページから詳しく説明する。

そのほかのマーケティング　YouTube

YouTubeは、動画に特化した情報発信に適している

YouTubeマーケティングのメリット

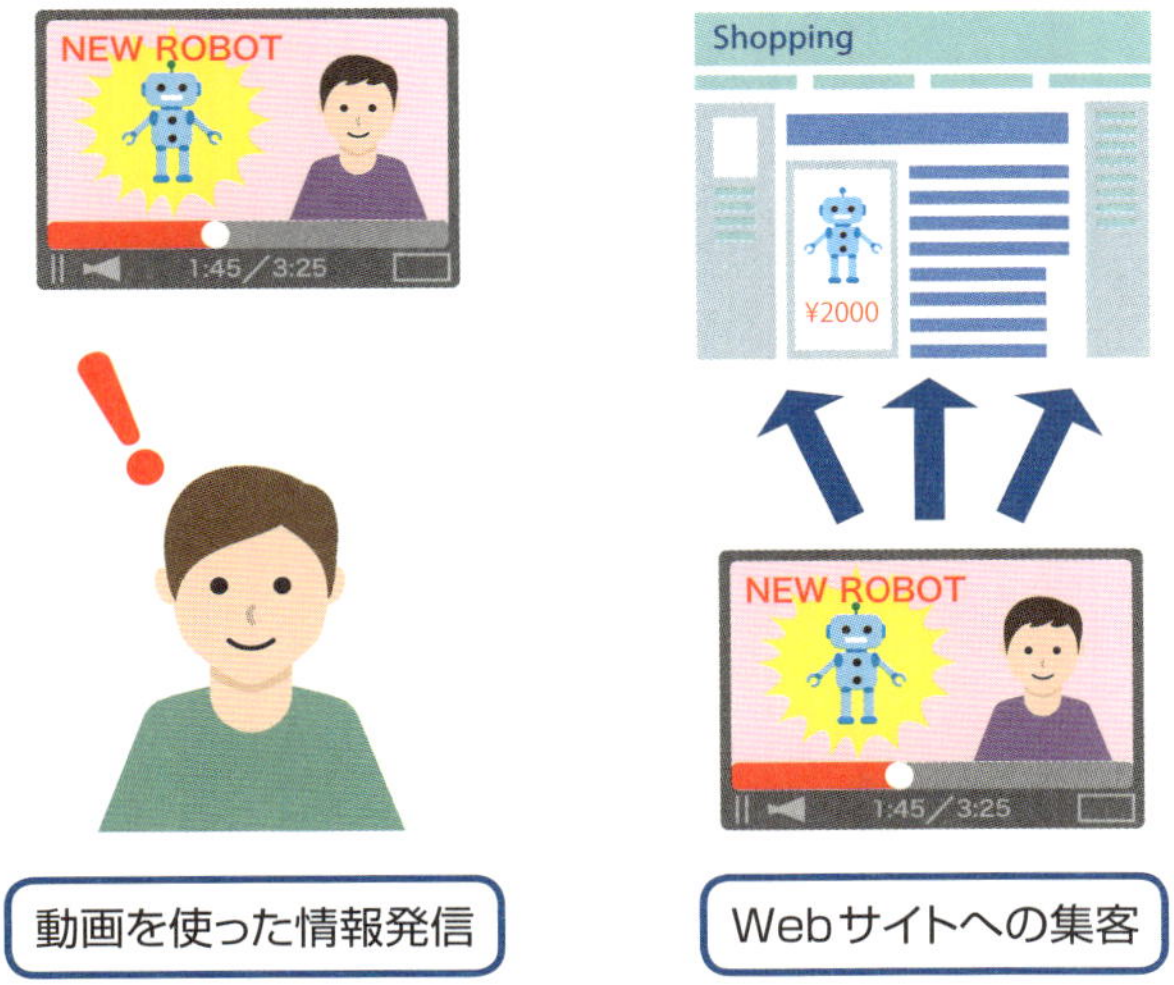

SECTION 29

実店舗があるならLINE公式アカウントがおすすめ

+α

マーケティングに活用できる機能が満載

ＬＩＮＥ公式アカウント（１３２ページ参照）には、実店舗を持つ企業にとって最適なマーケティングツールが満載だ。ここでは、無料で利用できる機能を紹介しよう。

まず、「メッセージ配信」機能では、自社のアカウントを「友だち追加」したＬＩＮＥユーザーに、キャンペーン情報などのメッセージを送ることができる。配信するたびに、ユーザーにプッシュ通知が届くことになるため、ユーザーに確認してもらえる可能性が高い。また、「ＬＩＮＥチャット」を使えば、個人どうしのチャットのように、ユーザーと１対１でチャットができる。この機能を活用すると、ユーザーからの問い合わせや予約を受け付けやすくなる。さらに、「セグメントメッセージ」機能がある。これは、「友だち」になったユーザーの属性別に、メッセージを配信できる機能だ。

ほかにも、ポイントカードの役割を果たす「ショップカード」機能や、ＬＩＮＥ上でクーポンや抽選を作成できる「クーポン」機能（１４０ページ参照）などもある。

LINE公式アカウントでできること

メッセージ配信

「友だち」にキャンペーンなどのメッセージを送れる

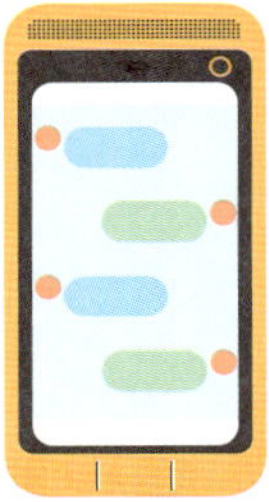

LINEチャット

問い合わせや予約を受け付けやすくなる

セグメントメッセージ

LINEユーザーの属性別にメッセージを配信できる

「クーポン」機能

クーポン・抽選をLINE上で作成できる

ＬＩＮＥ公式アカウントの開設方法

ＬＩＮＥ公式アカウントを開設してみよう。アカウントの開設は、スマートフォン、またはパソコンから可能だ。

スマートフォンでアカウントを開設する場合、「ＬＩＮＥ公式アカウント」アプリをインストールしよう。アプリを起動し、「ＬＩＮＥアプリでログイン」（または「メールアドレスでログイン」）、「許可する」をタップしたら、アカウント名や業種、会社名やメールアドレスを登録していく。

パソコンの場合、まずは「アカウントの開設」ページにアクセスする。入力する情報は、基本的にスマートフォンと同じだが、最初に「認証済アカウント」と「未認証アカウント」のどちらにするかを選択する必要がある。はじめのうちは、すぐに利用できる未認証アカウントを使用すればよいだろう。

「未認証アカウント」は、審査なしで誰でも作成できる。ただし、ＬＩＮＥアプリ内の「友だち」検索結果に表示されない、請求書決済サービスが利用できないなどの機能制限がある。これらの機能を利用したければ、ＬＩＮＥの審査を通過して「認証済アカウント」を取得しよう。

LINE公式アカウントを開設する

スマートフォン

「LINE公式アカウント」アプリをダウンロード

パソコン

「アカウントの開設」ページ（https://www.linebiz.com/jp/entry/）にアクセスする

「認証済アカウント」と「未認証アカウント」の違い

認証済アカウント	未認証アカウント
・LINE側の審査が必要 ・「公式アカウント」検索結果に表示される ・請求書決済サービスを利用できる ・販促用ポスターのデータをDL可能	・審査なしで誰でも作成できる ・「公式アカウント」検索結果に表示されない ・請求書決済サービスを利用できない ・販促用ポスターのデータをDL不可

SECTION 30

ＬＩＮＥ公式アカウントでクーポンを発行する

＋α

集客や特別感の演出に役立つクーポンを考える

ＬＩＮＥ公式アカウントでは、有効期限を設定したり、種類をカスタマイズしたりしたクーポンを無料で発行できる。また、クーポンを作成したあとは、管理画面でクーポンが使用された数を確認できるため、効果測定をすることも可能だ。ユーザーはお得な情報を求めているので、クーポンを発行して集客を図ろう。

発行する前に、まずは**クーポンを発行する目的や目標を考え、それらに合った施策を考えたい**。たとえば、リピーターの増加を目指すのであれば、「毎月第２週に、７日間有効なクーポンを発行」する。毎月決まった時期にクーポンを発行することで、ユーザーからの認知度が上がり、クーポンを利用してもらいやすくなるためだ。

また、特別感を演出して集客したいのであれば、「不定期に、１～２日間だけ有効なクーポンを発行」してみよう。不定期にクーポンを発行すれば、ユーザーに「今、クーポンを使わなくては損だ」と思わせることができるはずだ。

LINE公式アカウントでクーポンを発行するメリット

- ユーザーの来店促進につながる
- 有効期限を設定できる
- クーポンをカスタマイズできる
- クーポンが実際に使用された数を確認して効果測定できる

クーポンの設定を考える

クーポン名	有効期限	写真	抽選
任意の名前を設定	「開始日時」と「終了日時」を設定	クーポン画面に表示する写真を設定	・使用する ・使用しない から選択

公開範囲	使用可能回数	クーポンコード	クーポンのタイプ
・全体公開 ・友だちのみ ・友だちのみ（シェア可能） から選択	・1回のみ ・上限なし から選択	・表示する（任意のコードを設定） ・表示しない から選択	・割引 ・無料 ・プレゼント ・キャッシュバック ・その他 から選択

LINE公式アカウントでクーポンを発行する

クーポンを作成するには、まず、「LINE公式アカウント」アプリ（パソコンの場合、「LINE Official Account Manager」にアクセス）の「ホーム」画面で「クーポン」をタップして、さらに「作成」をタップする。すると、新規作成画面に遷移するので、そこで「クーポン名」「有効期限」「写真」「利用ガイド」「抽選」「公開範囲」「使用可能回数」「クーポンコード」「クーポンのタイプ」などの項目を設定しよう。「利用ガイド」には、クーポンの利用方法や注意事項を記載することができる。ユーザーがクーポンの使い方に迷わないように、「この画面を店員に見せてください」「利用回数は1回のみです」などと、使い方を詳細に明記しておこう。

クーポンを作成したら、「クーポンをシェア」画面が表示されるので、ユーザーにシェアをしよう。せっかくクーポンを作成しても、シェアをしなければ、ユーザーがクーポンの存在を知ることができないため、忘れずシェアしておきたい。このとき、「友だち追加クーポンに設定」「メッセージとして配信」「タイムラインに投稿」などから、クーポンのシェア方法を選択できる。

クーポンを発行する

スマートフォン

パソコン

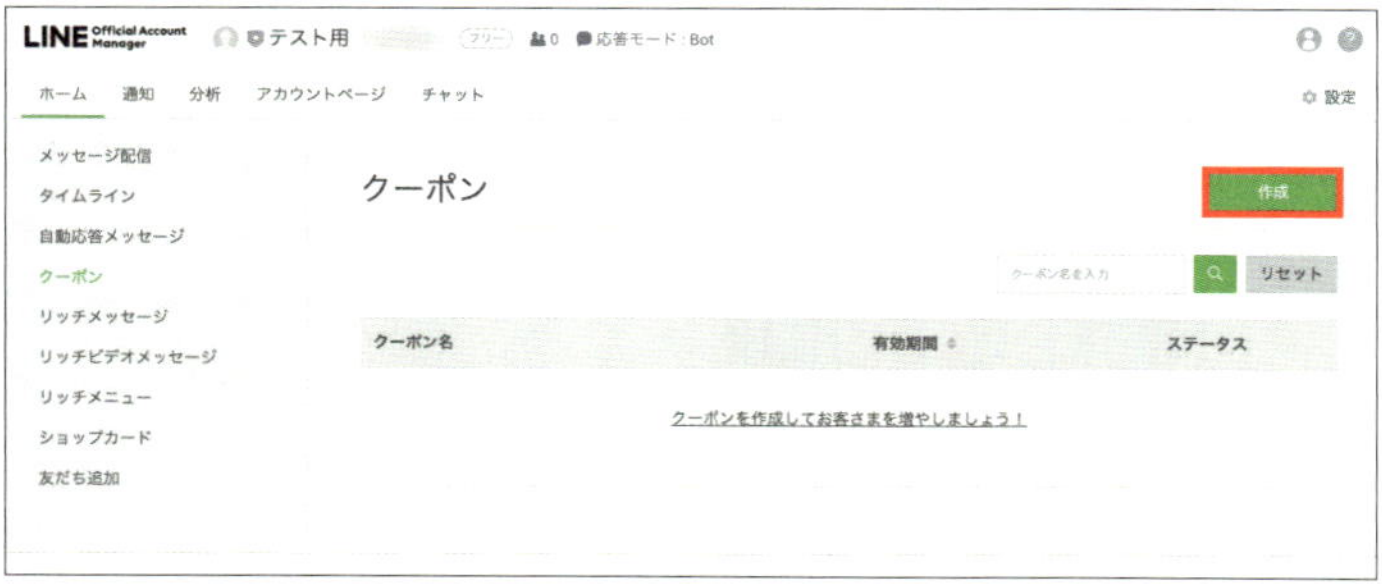

アカウントを開設したあと（139ページ参照）、「LINE Official Account Manager」（https://www.linebiz.com/jp/login/）にアクセスし、「ホーム」、「クーポン」、「作成」をクリックする

SECTION 31

店頭で積極的にアピールして「友だち」を増やす

+α

店頭とＷｅｂで積極的にアピールする

ＬＩＮＥ公式アカウントでは、ユーザーが自然と「友だち」になってくれることはない。そのため、ユーザーに認知されるために、ＬＩＮＥ以外の手段を使ってＬＩＮＥ公式アカウントの存在をアピールしていく。

まずは、**店頭で宣伝**しよう。ポスターやチラシ、メニュー、ＰＯＰに、「友だち」追加用ＱＲコードや「ＬＩＮＥ　ＩＤ」を印刷し、それを来店した人の目に留まりやすい場所に設置する。とくに、卓上やレジの周辺、トイレなどがおすすめの設置場所だ。また、会計やオーダーの際に、スタッフがアカウントの「友だち」追加を呼びかけるのも効果的である。さらに、**Ｗｅｂでも宣伝**したい。自社サイトやＳＮＳ、メールマガジンなどに、公式アカウントの「友だち追加ボタン」や「ＱＲコード」を設置しよう。「友だち」を増やし、セール情報やクーポンを配信していくことで、自店に対するユーザーの関心が高まり集客につながるはずだ。

ユーザーに公式アカウントの存在を知らせる

店頭で宣伝

「友だち」追加用QRコードや「LINE ID」を印刷したポスターなどを配布して声かけする

Webで宣伝

自社サイトに「友だち追加ボタン」や「QRコード」を設置する、など

QRコードとLINE IDの確認方法

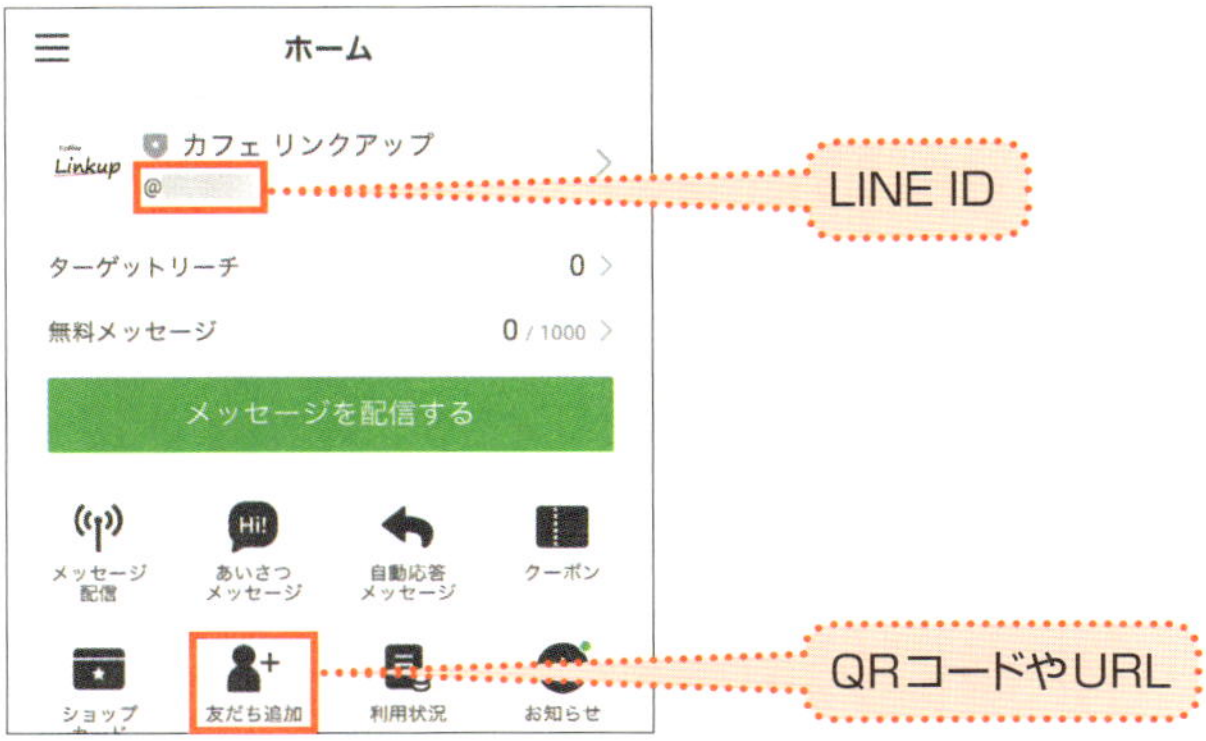

SECTION 32

YouTubeで店舗や商品の雰囲気をリアルに伝える

＋α

視覚と聴覚に訴えかけてリアルな雰囲気を伝える

ＹｏｕＴｕｂｅをマーケティングに使って、店舗や商品の雰囲気を動画で伝えよう。動画は、ユーザーの視覚と聴覚に訴えかけるので、テキストや写真よりも印象に残りやすくわかりやすい。また、テキストや写真では、「店舗の雰囲気」や「商品の細部」を伝えることが難しい。一方、動画では、**店舗や商品をあらゆる角度から紹介できる**ため、店内やサービス、商品の使用感などを、ユーザーがイメージしやすいのだ。

つまり、「**リアルに伝えられる**」ということを活かして動画制作をする必要がある。たとえば、店頭での料理シーンや、洋服を実際に着用したシーンなどを撮影しよう。

これらの撮影は、スマートフォンで十分だ。スマートフォンにも、ズーム機能や手ぶれ補正機能などの撮影機能や、動画編集アプリなどがあるため、手軽に動画制作を行えるはずだ。似た業種のお店や企業などの動画を参考にして、効果的な内容を考えてみてもよいだろう。

YouTube動画の効果

視覚と聴覚に訴えかける動画

ユーザーの印象に残りやすく理解されやすい

動画を使ってリアルを伝える

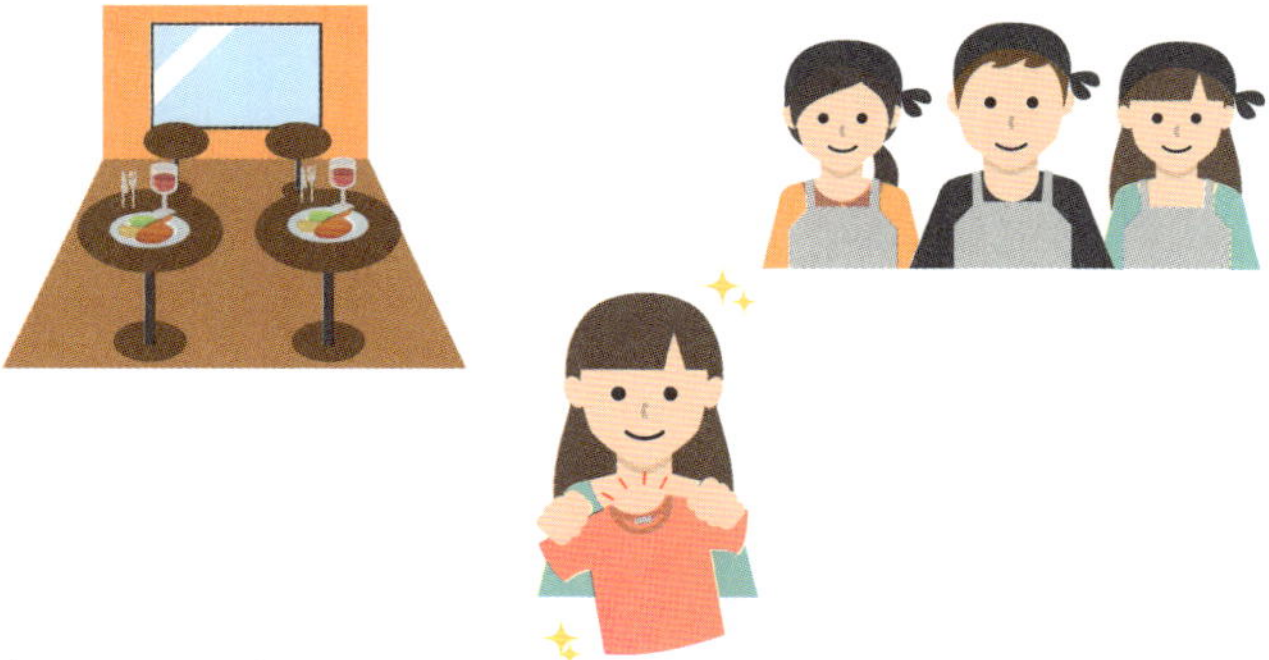

「店舗の雰囲気」や「スタッフのサービス」、「洋服の試着シーン」など、リアルさが伝わる動画を撮影する

チャンネルを作成してファンが増える動画を企画する

ＹｏｕＴｕｂｅをマーケティングに活用するためには、「チャンネル」を作成して動画を投稿するとよいだろう。チャンネルとは、作成した動画をまとめておく場所だ。チャンネルを作成するには、「ＹｏｕＴｕｂｅ」アプリで、画面上部にあるアカウントのアイコンをタップし、「チャンネル」をタップする。ユーザーは、チャンネルを気に入ったときに、「チャンネル登録」をしてくれる。「チャンネル登録者＝自店のファン」を意味するので、そのファンの数が増えるように投稿を工夫しよう。

投稿のポイントは、**ターゲットユーザーを明確にする**ことである。次に、目的に合わせて適切な目標を設定する。たとえば、「自社を認知してもらうため、動画視聴回数を５００回にする」と設定し、動画を企画・制作する。

また、分析と検証をくり返すことも有効だ。無料で利用できる「ＹｏｕＴｕｂｅアナリティクス」を使えば、動画単体やチャンネル全体のパフォーマンスを確認できる。そのデータを利用して、目標に届かない原因を見つけよう。なお、ＹｏｕＴｕｂｅが公式で提供する「ＹｏｕＴｕｂｅ Ｃｒｅａｔｏｒｓ」を使うことで、チャンネル登録者を増やすヒントなどを学べるので、こちらも活用したい。

YouTubeの「チャンネル」機能

チャンネルを作成して動画を投稿していく

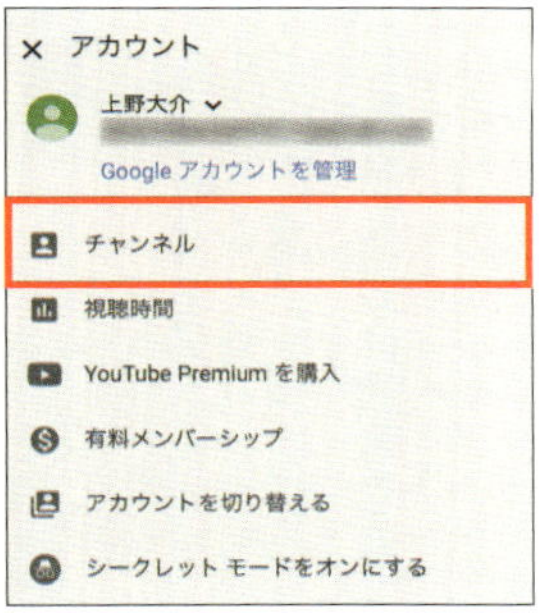

アカウントのアイコン、「チャンネル」をタップして作成する

投稿を工夫して、チャンネル登録者数を増やす

ターゲットユーザーを明確にする

目標を設定する

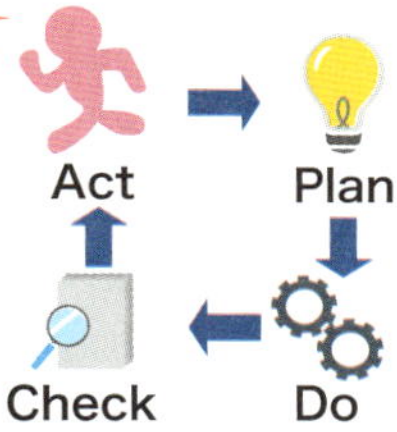

分析・検証をくり返す

SECTION 33

YouTubeの動画はほかのSNSに載せて拡散する

+α

ほかのSNSを使い拡散することで、大勢の視聴者を集める

動画をＹｏｕＴｕｂｅにアップロードするだけでは、大勢に視聴してもらえない。なぜなら、ＹｏｕＴｕｂｅでは独自のアルゴリズムによって、検索結果で上位表示される動画が決まるからだ。動画の再生回数や投稿者のチャンネル登録者数が少ないと、なかなかユーザーの目に留まりづらい。そこで、**FacebookやTwitterなどのSNSを利用**して、ＹｏｕＴｕｂｅ動画を拡散させよう。

ＹｏｕＴｕｂｅで動画を投稿したら、動画の再生画面でシェアボタンをタップし、ほかのＳＮＳで動画をシェアする。ＹｏｕＴｕｂｅには、ＳＮＳと自動で連携する機能がないので、手作業でシェアしなければならない。ただし、ＦａｃｅｂｏｏｋとＴｗｉｔｔｅｒの2者間は、自動同期の設定が可能だ。そのため、Ｆａｃｅｂｏｏｋに投稿した動画の宣伝を、Ｔｗｉｔｔｅｒにも自動で投稿するしくみを作り出すことはできる。

YouTube動画を視聴してもらうには？

YouTube独自のアルゴリズムにより、動画を上位に表示させることは難しい

FacebookやTwitterなどのSNSを利用してYouTube動画を拡散させる

SNSで拡散させるときの注意

「動画の投稿」をほかのSNSで自動通知する機能がなく、手作業での投稿が必要

FacebookとTwitterは自動同期可能

FacebookとTwitterでYouTube動画を共有する

ＹｏｕＴｕｂｅの動画をＦａｃｅｂｏｏｋとＴｗｉｔｔｅｒで共有する方法を確認しよう。今回は、スマートフォンを使った方法を解説する。

まず、シェアしたいＹｏｕＴｕｂｅ動画の再生画面を開き、画面下にある「共有」をタップしよう。Ｔｗｉｔｔｅｒの場合は、「Ｔｗｉｔｔｅｒ」をタップする。Ｆａｃｅｂｏｏｋの場合は、「その他」を2回タップし、「Ｆａｃｅｂｏｏｋ」をオンにしてから、「Ｆａｃｅｂｏｏｋ」のアイコンをタップして投稿する。また、動画のＵＲＬをコピーして、各ＳＮＳの投稿画面に貼り付けても、同様に動画を共有できる。

動画をシェアする投稿には、デフォルトでは「動画タイトル」「動画のＵＲＬ」しか記載されない。そこで、ユーザーが動画の内容を理解できるように、「〇〇の動画を投稿しました」などのように、**かんたんに動画を説明する文を添えて投稿しよう**。また、共有したＹｏｕＴｕｂｅ動画は、ＳＮＳ上では自動再生されず、動画を観てもらうにはユーザーが動画のリンクをタップしなければならない。そのため、動画の一部やスクリーンショットなども添付して投稿しよう。動画の中身を見せることで、投稿が注目されやすくなり、詳細が気になったユーザーが動画を観てくれるだろう。

YouTubeの動画を共有する方法

再生画面下の「共有」をタップする

各SNSをタップする

スクリーンショットや動画の一部を添付する

YouTubeの動画をシェアするときは、動画の一部やスクリーンショットを添付すると、注目を集めやすい

SECTION 34

複数のＳＮＳを効果的に使い分けて さまざまな顧客にリーチする

ＳＮＳごとに「投稿形式」や「つながっている人」が異なる

企業のマーケティングには、複数のＳＮＳを利用することができる。ただし、すべてのＳＮＳで同じ内容を投稿しても、あまり効果が出ない。それぞれのＳＮＳの特徴を活かして使い分けよう。ここでは、使い分けの際に考慮するポイントを紹介する。

たとえば、**投稿形式の違いによる使い分け**が可能だ。Ｆａｃｅｂｏｏｋは「長文＋写真や動画」、Ｔｗｉｔｔｅｒは、「短文＋写真や動画」での投稿が主になる。一方、写真や動画の投稿がメインとなるＩｎｓｔａｇｒａｍでは、テキストは必須ではない。

また、「**ユーザー層**」や「**ユーザーがＳＮＳでつながっている人**」を考慮した使い分けも考えられる。Ｆａｃｅｂｏｏｋでは、友人や仕事の取引先などとつながっていることが多い。一方、ＩｎｓｔａｇｒａｍやＴｗｉｔｔｅｒでは、面識のある人だけではなく、「趣味が同じ人」「たまたま見つけた人」などの面識のない人ともつながりやすい。ユーザー自身や、ユーザーが投稿をシェアする相手やその関係性も意識して投稿しよう。

＋α

SNSごとに投稿を変える

すべてのSNSで同じ内容の投稿を行うだけでは、効果的なマーケティングにならない

使い分けの参考になるポイント

- 投稿形式の違い
- ユーザー層の違い
- ユーザーがつながっている人の違い
- 機能の違い　など

各SNSの特徴を押さえて投稿を変えて、SNSを使い分ける。たとえば、SNSの機能に応じた使い分け、ユーザー層や、ユーザーがつながっている人による使い分けなどが考えられる

特徴を押さえた使い分けでマーケティングの効果を高める

ＳＮＳごとの特徴に合わせた運用の具体例を考えてみよう。

Ｆａｃｅｂｏｏｋで効果的な投稿内容は、「**長文＋動画と複数の写真**」だ。そこで、キャッチーな写真や動画で目を引き、テキストでしっかりと情報提供したい。たとえば、イベントの詳細情報や活動報告など、細かく伝えたい情報を発信する際に活用していく。さらに、「メッセージ」機能を問い合わせ窓口として利用してもよいだろう。

Ｉｎｓｔａｇｒａｍは、写真や動画での投稿がメインとなる。そのため、ハッシュタグを使いながら、**インスタ映えするような商品画像や、日々の写真**を投稿するとよい。また、「写真好き」「動物好き」など、共通の趣味を持つユーザーがつながるＳＮＳなので、ターゲットとなるユーザー層を設定して、ターゲットがよろこびそうな情報を投稿しよう。

Ｔｗｉｔｔｅｒは、「短文＋写真や動画」で気軽に情報発信できるＳＮＳだ。そこで、**営業時間のお知らせや旬の話題、店員のちょっとしたコメント**を投稿するのに適している。また、情報拡散力が強いので、ユーザーが広めたくなる情報を発信しよう。

SNSごとの使い分け

Facebook

キャッチーな写真や動画で目を引きテキストでしっかりと情報提供する

問い合わせ窓口として使用する

Instagram

インスタ映えする写真を掲載したり、共通の趣味を持った人たちが喜びそうな内容を投稿したりする

Twitter

営業時間のお知らせや旬の話題、店員のちょっとしたコメントを投稿する

COLUMN

海外に向けたSNS活用の工夫

SNSでマーケティングできるのは、国内だけでない。SNSをうまく活用すれば、外国からの観光客を集客することもできる。このとき、いくつか注意したいことがある。

まずは、利用するSNSに注意しよう。国ごとに流行っているSNSは違う。たとえば、中国では「Weibo」、欧米では「Instagram」が流行っている。その国のSNS事情を理解しないままSNSを運用しても効果が出ない。

また、SNSを更新する時間にも注意したい。たとえば、日本で18時に投稿しても、その時間のアメリカは真夜中だ。現地時間を計算して、ユーザーがSNSを見ている時間に更新することを心がけよう。

このほか、使用言語や文化、マナーなども調べ、投稿を見てもらえるように工夫していこう。

●海外でのSNSマーケティング

集客したい国で使われているSNSを利用

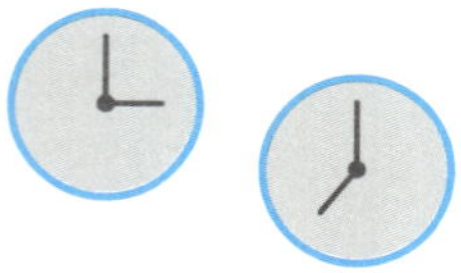

時差を考えてSNSの更新時間を工夫する

索引

お問い合わせについて

本書に関するご質問については、本書に記載されている内容に関するもののみとさせていただきます。本書の内容と関係のないご質問につきましては、一切お答えできませんので、あらかじめご了承ください。また、電話でのご質問は受け付けておりませんので、必ずFAXか書面にて下記までお送りください。

なお、ご質問の際には、必ず以下の項目を明記していただきますようお願いいたします。

1 お名前
2 返信先の住所またはFAX番号
3 書名
　（スピードマスター　1時間でわかる
　SNSマーケティング）
4 本書の該当ページ
5 ご使用のOSとソフトウェアのバージョン
6 ご質問内容

なお、お送りいただいたご質問には、できる限り迅速にお答えできるよう努力いたしておりますが、場合によってはお答えするまでに時間がかかることがあります。また、回答の期日をご指定なさっても、ご希望にお応えできるとは限りません。あらかじめご了承くださいますよう、お願いいたします。

ご質問の際に記載いただきました個人情報は、回答後速やかに破棄させていただきます。

問い合わせ先

〒162-0846
東京都新宿区市谷左内町21-13
株式会社技術評論社　書籍編集部
「スピードマスター　1時間でわかる
SNSマーケティング」質問係
FAX：03-3513-6167
URL：https://book.gihyo.jp/116

■ お問い合わせの例

FAX

1 お名前
技術　太郎
2 返信先の住所またはFAX番号
03-XXXX-XXXX
3 書名
スピードマスター　1時間でわかる
SNSマーケティング
4 本書の該当ページ
101ページ
5 ご使用のOSとソフトウェアのバージョン
iOS 12
Instagram 105.0
6 ご質問内容
ボタンが表示されない

スピードマスター　1時間《じかん》でわかる
SNS《エスエヌエス》マーケティング

2019年9月27日　初版　第1刷発行

著　者●リンクアップ
発行者●片岡　巌
発行所●株式会社　技術評論社
　東京都新宿区市谷左内町21-13
　電話　03-3513-6150　販売促進部
　　　　03-3513-6160　書籍編集部
担当●伊藤　鮎
装丁／本文デザイン●クオルデザイン　坂本　真一郎
カバーイラスト●タカハラユウスケ
編集・DTP●リンクアップ
製本／印刷●株式会社　加藤文明社

定価はカバーに表示してあります。

ISBN978-4-297-10750-5　C3055
Printed in Japan